大气氮沉降对内蒙古草甸草原主要碳氮过程的影响

◎ 刘杏认　著

中国农业科学技术出版社

图书在版编目（CIP）数据

大气氮沉降对内蒙古草甸草原主要碳氮过程的影响／刘杏认著.—北京：中国农业科学技术出版社，2017.8

ISBN 978-7-5116-3205-0

Ⅰ.①大… Ⅱ.①刘… Ⅲ.①草原生态学 Ⅳ.①S812.29

中国版本图书馆 CIP 数据核字（2017）第 182531 号

责任编辑 王更新 李 华
责任校对 贾海霞

出 版 者 中国农业科学技术出版社
北京市中关村南大街 12 号 邮编：100081
电 话 (010)82106664(编辑室) (010)82109702(发行部)
(010)82109709(读者服务部)
传 真 (010)82106631
网 址 http://www.castp.cn
经 销 者 各地新华书店
印 刷 者 北京富泰印刷有限责任公司
开 本 710mm×1 000mm 1/16
印 张 7.75
字 数 119 千字
版 次 2017 年 8 月第 1 版 2017 年 8 月第 1 次印刷
定 价 60.00 元

前　言

氮素是影响陆地生态系统碳循环过程、改变其碳源汇特征的重要因素之一（彭琴等，2008）。目前，外源氮素的输入对碳循环过程的影响机制大致归结为两点：一方面，氮元素是植物体内蛋白质、核酸、酶和叶绿素等的重要组成部分，植物进行光合作用吸收二氧化碳的同时也需要从土壤中吸收适量的可利用氮素构成生命有机体（王贺正等，2013）；另一方面，作为陆地生态系统最关键的两大生源要素，碳、氮元素在植物有机体内以及土壤中常常维持一定的比例关系（Hessen et al，2004），这种生物化学计量学比例关系在很大程度上控制着植物碳生产以及植物向土壤碳归还等碳循环关键过程，并影响植物体内碳的积累与分配（Holland et al，1999），决定着陆地生态系统的碳源、汇功能。

对于大多数陆地生态系统而言，土壤中的可利用氮素相对于植物的生长需求往往是不足的，氮元素的缺乏影响到陆地生态系统净初级生产力的形成，进而限制了植物对二氧化碳的持续吸收（Vitousek et al，2002）。尤其是在当今全球变化的背景下，未来大气二氧化碳浓度升高对植物体生产力增长的潜在促进效应使生态系统对氮的需求进一步增加，氮素对生态系统固碳能力的限制性作用会更加明显，从而将在一定程度上减弱生态系统的碳汇潜力（Markus et al，2000）。与此同时，在过去的一个世纪，由于化石燃料燃烧的日益增加以及其他人类活动的影响，人类已向大气中排放了大量的含氮化合物，并由此导致大气进入陆地生态系统的大气干、湿氮沉降也在逐年激增（Holland et al，1999）。全球氮沉降在1990年已达103Tg/年（1Tg=1 012g），约为1860年31.6Tg/年的3倍（李考学，2006），到2020年，发达地区（如北美洲）的氮沉降总量还将增加约25%，欠发达地区（如东南亚和拉丁美洲）的活性氮沉降也将至少增加1倍（Galloway et al，1994）。据2013年Nature杂志报道，从1980年至2010年，中国总的氮沉降量平均每年以0.41kgN/hm^2的速率在增加，并且这种趋势在未来数十年内还将持续下去，进而带来陆地生态系统氮素供应状态的显著改变（Liu et al，2013）。此外，作为世界上最大的发展中国家，中国每年消耗的肥料氮大于24Tg，大约是全世界肥料氮使用量的30%（陈秋凤，2006），并由此带来了一系列的环境问题。

本书系统介绍了模拟氮沉降对我国内蒙古草甸草原主要碳氮过程的影响。以我国内蒙古东北部温带半湿润半干旱呼伦贝尔草原围封的贝加尔针茅草地为主要研究对象，进行了为期两年的氮沉降模拟试验，定量研究了不同的氮输入水平［0kg N/（hm^2·年），CK；10kg N/（hm^2·年），N10；20kg N/（hm^2·年），N20］与不同形态氮（NH_4^+、NO_3^-）输入对贝加尔针茅草地对贝加尔针茅草地主要碳氮过程的影响，主要包括氮沉降对温室气体（CO_2、CH_4、N_2O）通量、土壤有机碳、无机碳以及土壤矿质氮含量的影响，探讨草地生态系统主要碳过程对外源氮输入的综合响应机制。

全书共分7章，内容包括氮沉降对陆地生态系统碳氮循环的影响、研究区域概况和研究内容、氮沉降对草甸草原土壤呼吸的影响、氮沉降对草甸草原土壤N_2O排放的影响、氮沉降对草甸草原土壤CH_4吸收的影响、氮沉降对草甸草原土壤碳库和氮库的影响、结论与展望。为了全面反映氮素输入对碳氮循环影响的最新研究成果，本书参考和引用了大量相关文献，其中大多数已在书中注明出处，但难免有所疏漏。在此，向有关作者和专家表示感谢，并对没有标明出处的作者表示歉意。

本书凝聚了许多草地生态学科研人员的智慧和见解，首先要感谢我的合作导师——中国科学院地理科学与资源研究所的李胜功研究员在试验设计及实施过程中的意见和建议，多年来他在科研工作中的教诲和指导让我受益匪浅。感谢中国科学院地理科学与资源研究所的张雷明副研究员、张彩虹博士、魏雅芬博士在试验实施过程中的辛苦付出，本书的出版凝聚着他们的汗水和心血。感谢中国科学院地理科学与资源研究所生态网络中心于贵瑞研究员、孙晓敏研究员为中心科研人员搭建了良好的科研平台，创造了浓厚的学术氛围。感谢中国农业科学院呼伦贝尔草原生态系统野外科学观测研究站为本研究提供了良好的后勤保障，感谢辛晓平研究员、王旭副研究员、闫玉春副研究员、闫瑞瑞副研究员、徐丽君副研究员的大力帮助。由于作者水平有限，书中错误或不妥之处在所难免，恳请同行和读者批评指正。

刘杏认

2017 年 6 月

目　录

1 氮沉降对陆地生态系统碳氮循环的影响

氮是大气圈中含量最丰富的元素，同时又是陆地生态系统大多数植物光合作用和初级生产过程中最易受限制的元素之一（Mooney et al，1987），在陆地生态系统功能中起着重要作用。近年来，由于人类活动导致生态系统中氮含量增加，进一步影响到植物体中碳的积累和重新分配，对陆地生态系统不同的碳循环过程产生不同影响（于贵瑞等，2003；耿元波等，2000；Daepp et al，2000）。

陆地生态系统中的氮主要通过影响植物的光合作用、有机碳的分解、同化产物在植物器官中的分配以及生态系统对气候变化的响应等影响碳循环过程。一方面，氮元素作为植物体内蛋白质、核酸、酶和叶绿素等的重要组成部分，它与碳元素同为陆地生态系统中最基本的两大生源要素（许振柱，周广胜，2007），植物进行光合作用吸收 CO_2的同时也需要从土壤中吸收适量的可利用氮素构成生命有机体，碳氮元素在植物有机体内以及土壤中常常维持一定的比例关系（Hessen et al，2004），这个比例关系在很大程度上控制着植物碳生产以及植物向土壤归还有机物质等碳循环关键过程，并影响着植物体内碳的积累与分配（Luo et al，2004），决定着陆地生态系统碳源、汇功能。另一方面，自然界中，对于大多数陆地生态系统而言，土壤中的可利用氮素相对于植物的生长需要往往是不足的，氮限制着植物对 CO_2的持续吸收，影响到陆地生态系统净初级生产力的形成（Vitousek et al，2002），尤其是在当今全球变化的背景下，未来大气 CO_2浓度升高对植物生产力增长的潜在促进效应使生态系统对氮的需求进一步增加，氮素对生态系统固碳能力的限制性作用将更加明显，从而将在一定程度上减弱生态系统的碳汇潜力（Daepp et al，2000）。而过去的一个世纪，化石燃料燃烧的日益增加以及其他人类活动的影响，使得大量的含氮化合物进入大气中，进而又以干、湿氮沉降的形式进入到陆地生态系统（Holland et al，1999）。据估计，全球每年氮沉降在1990年已达103Tg，约为1860年的（31.6Tg）的3倍（李考学，2006），到2020年，发达地区（如北美洲）的氮沉降总量预计还将增加25%左右，欠发达地区（如东南亚和拉丁美洲）以活性氮（硝态氮和铵态氮）形式沉降的氮也将至少增加1倍（Galloway et al，1994）。此外，出于增加作物的产量考虑，目前，人工施氮已成为一种较为普遍的农业管理措施。我国作为世界上最大的发展中国家，每年消耗的肥料氮大于24Tg（$1Tg = 10^{12}g$），大约是全世界肥料氮使用量的30%（陈秋凤，2006）。

因此，在全球变化背景下，氮输入（自然氮沉降和人为施氮）对于受到氮限制的陆地生态系统碳循环过程必然产生相应的影响，并影响其碳源汇状况（Bauer et al，2004）。欧美等国的生态学者近20年来就氮输入对包括森林生态系统在内的各类生态系统的生产力和生物量积累（Högberg et al，2006；Magill et al，2000）、凋落物和有机质分解（Berg and Matzner，1997）、土壤碳周转（Neff et al，2002）、生态系统结构和生物多样性（Clark and Tilman，2008）以及碳源汇功能（Nadelhoffer et al，1999）等方面的影响进行了广泛而深入的研究。我国学者近年来也开始关注氮输入对陆地碳循环相关过程的影响。为了研究生态系统碳循环过程对单一或多个环境要素变化的响应，我国科学家也相应地展开了增温、降水、CO_2浓度升高以及氮沉降增加等控制试验。增温和降水试验主要集中在内蒙古自治区（以下简称内蒙古）草地和青藏高原这两个对温度、降水变化比较敏感的生态区域。有研究指出，未来气候变暖可能导致植物多样性减小，青藏高原草地质量下降可能是温度升高而不是放牧导致的（Klein et al，2007）。在内蒙古温带草原，2年的降水和增温试验表明，增温降低了生态系统的碳固持能力，而降水增加则减轻了增温对碳固持的负效应（Niu et al，2008）。5年的增温试验说明，增温促进了温带高草草原土壤自养和异氧呼吸，但降低了土壤呼吸的温度敏感性（Zhou et al，2007）。

中国科学院南京土壤研究所在江苏江都建立了国内第一个FACE设施，辅以增氮处理，研究了大气CO_2浓度升高对稻—麦复种水稻土生态系统的影响。研究表明，无论低氮和高氮处理，虽然CO_2浓度升高对根系呼吸无显著影响，但都促进了微生物呼吸（Kou et al，2007）；虽然在开始试验的第一个稻季，对CH_4排放没有显著影响，但在第二和第三个稻季却明显地促进了CH_4的排放（Zheng et al，2006）。CO_2浓度升高和氮素输入之间具有显著的交互作用，CO_2浓度升高会引起生态系统更加缺氮，CO_2浓度升高会降低水稻组织的氮浓度，对水稻根系生长、形态变化以及生理属性均会产生显著的影响（Yang et al，2008）。此外，通过开顶箱（OTC）试验，研究了CO_2浓度升高对长白山温带森林生态系统幼苗生长、土壤呼吸等的影响。

近几年已经开始了一些氮沉降模拟控制试验，以研究外源氮素输入对我国典型森林和草地生态系统的影响。例如，在我国南方亚热带森林（鼎湖山）近5年的试验研究表明，氮沉降增加成熟林土壤微生物难分解有机碳含量，抑制森林土壤CO_2的排放和CH_4的吸收（Mo et al，2008）。

以下将从氮对植物光合作用、呼吸作用以及土壤呼吸作用影响的角度入手，综述和分析氮对碳固定和碳排放两大碳循环基本过程的影响特征与影响机理，探讨陆地生态系统碳源汇对氮素变化响应的不确定性。

1.1 外源氮输入对植物光合作用的影响

植物的光合作用与氮的供应状况（郭盛磊等，2004；李卫民，周凌云，2004）和叶片氮含量密切相关（徐克章，1995；Anten et al，1995，1998）。这主要是由于氮是叶片光合能力的一个关键因素，即最大羧化速率（$V_{c\max}$）与叶片的氮含量有很强的相关关系（Thompson and Wheeler，1992）。也有研究认为，影响$V_{c\max}$的不是叶片氮含量，而是与Rubisco（核酮糖二磷酸缩化酶）有关的氮含量（Dickinson et al，2002），因此叶片氮含量可以用来表征$V_{c\max}$。但是，在任何给定的叶片中，氮含量并不是一个固定的常数，而是随土壤和植物的氮循环过程发生变化，这些循环过程反过来与不同的气候要素（如温度和降雨等）有密切的相关关系。

通常情况下，氮供给增加往往会使得植物叶片氮含量增加（郭盛磊等，2005；Magill et al，1997）。研究表明，叶片氮含量与光合能力以及其他的光合特性如羧化能力和电子传导速率呈显著相关。在植物叶片中，大约有75%的叶氮存在于叶绿体中（Evans，1989），其中30%~50%的氮被核酮糖-1，5-二磷酸羧化酶（Rubisco）所占据（Evans，1996）。由于在光合作用过程中，叶绿素以及Rubisco对于植物的光合能力具有重要的作用。因此，如果不考虑其他环境因子的影响，叶氮含量往往能够反映光合的数量，叶氮含量与光合能力呈线性正相关关系（Evans，1989）。另有研究表明，虽然在一定范围内，叶氮含量的增加会使叶绿素含量和Rubisco的活性增加，但是当叶氮含量超过一定范围后，叶绿素含量和Rubisco活性达到一定的极限，光合能力将呈现下降趋势（Bekele and Tiarks，2003）。因此，从更大范围来看，光合能力与叶氮含量之间呈现出典型的曲线关系（Evans，1983；De Jong，1989）。Brown等（1996）研究发现，叶氮含量在21mg/g时植物的光合速率达到最大。叶氮含量在一定范围内呈现出对光合能力的限制作用主要与以下几个因素有关。

（1）CO_2在胞间和叶绿体之间的转移存在着阻碍（Bekele，2003；Terashima and Evans，1988）。

（2）由于基因活动以及蛋白质的合成受到高N：P比、低P含量和高碳水化合物含量的影响，导致总Rubisco含量的降低（Stitt，1996；Nakaji et al，2001）。

（3）随着其他养分的限制，被激活的Rubisco含量减少（De Jong，1989），如随着Mn：Mg比例的增加，Rubisco活性将可能降低（Nakaji et al，2001）。

植物叶片的光合能力不仅受到氮素供应水平的影响，而且与不同的氮素供应形态有着密切的关系。曹翠玲等（2004）的研究表明，氮素形态几乎影响光合作用的每个环节，包括对作物叶绿素、光合速率、暗反应的主要酶以及光呼吸等均有明显的影响，直接或间接影响着植物光合固碳能力。肖凯（2000）、郭培国等（1999）分别对小麦和烤烟的研究也表明，混合态氮素营养最有利于叶片中叶绿素含量的增加，单一硝态氮营养次之，单一铵态氮营养下叶片中叶绿素含量最低。李存东等（2003）利用控制条件下的试验方法，评价了不同形态氮比例对棉花苗期光合作用及碳水化合物代谢的影响。结果表明，与单一硝态氮营养相比，混合态氮素营养和单一铵态氮营养显著提高了棉花苗期功能叶片的净光合速率，其中当 NH_4^+/NO_3^-为 25/75 时棉花叶片光合速率最高，叶绿素含量最大。除了氮的供应水平及形态会影响植物的光合能力以外，光合氮利用效率（PNUE）也是影响植物光合能力的主要因素之一（Rosati et al，1999）。光合氮利用效率（PNUE）是光合能力与叶片氮素含量的比值，它是衡量植物利用氮营养和合理分配氮的能力，是氮对植物光合生产力乃至生长产生影响的重要指标（Vincent，2001）。Hikosaka（2004）认为，尽管不同植物种的叶氮与光合能力表现出类似的相关性，但是不同植物种的叶氮与光合能力相关性的斜率并不相同，其中一个重要的原因就是不同植物种的 PNUE 不同。研究表明，氮在光合器官和非光合器官之间的分配以及氮在不同光合器官中的分配均会影响 PNUE（Evans，1989；Hikosaka，2004；Field and Mooney，1986）。Rijkers 等（2000）认为，喜光植物叶氮在光合组分中的投入较耐荫树种多，结果导致喜光树种的 PNUE 显著高于耐荫植物。Poorter 和 Evans（1998）通过对不同比叶重（LMA）的 10 个种的光合氮利用效率进行比较也表明，比叶重大的物种由于其较多的叶氮投入到不可溶性蛋白即构建细胞壁的结构性蛋白中，引起氮向光合组织可溶性蛋白，尤其是核酮糖-1，5-二磷酸羧化酶中的分配比例从 50%降到 35%，从而减少了植物的光合氮利用效率。Hikosaka（2004）的研究同样表明，净光合速率与分配到可溶性成分，尤其是核酮糖-1，5-二磷酸羧化酶蛋白中的氮的相关性要大于总氮浓度或者结构性成分中的氮浓度。此外，一些研究还发现（Knops and Reinhart，2000；Kuers and Steinbeck，1998），氮输入还会通过促进叶片面积增大，叶片数目增多，使植物地上部分对光的竞争能力增强，从而间接影响植物的光合作用。

1.2 外源氮输入对植物呼吸作用的影响

植物呼吸是陆地生态系统碳循环中光合固定碳向大气输出的重要途径。

通常，植物的呼吸作用特指暗呼吸（Rd），包括生长呼吸（growth respiration）和维持呼吸（maintenance respiration）。生长呼吸是指提供能量合成新组织的代谢，维持呼吸是指保持或维持活细胞正常生命活动的代谢（Ceschia et al，2002）。植物通过呼吸大约会消耗植物光合作用所固定碳量的50%（Amthor，1989），因此，在决定净初级生产力（NPP）的大小上，植物的呼吸作用与光合作用同等重要。

在森林生态系统中，植物呼吸作用大约占总同化碳量的60%（Ryan，1991），是生态系统碳循环的主要过程，准确估算植物呼吸作用有助于更好地模拟生态系统净初级生产力和生物量累积。植物群系、个体和器官水平上的试验都证明，叶片、树干和根系的呼吸速率都与植物组织氮含量存在显著相关性（Vose and Bolstad，1999；Stockfors and Linder，1998；Burton et al，2002）。植物自养呼吸是指有机底物氧化形成CO_2和H_2O，并伴随ATP和还原力（NADPH）产生的过程，它与新组织合成和现有生活组织维持过程中的代谢能消耗有关。植物个体或冠层水平上的呼吸作用速率常用维持性呼吸（maintenance respiration，RM）和生长呼吸（growth respiration，RG）来衡量。在生长呼吸过程中，光合产物被消耗以提供结构性物质或蓄积物合成所需的能量，生长呼吸速率RG与净光合速率直接相关；在维持性呼吸过程中，光合产物被用于维持植物结构所必需的耗能过程（Swainet al，2000）。维持性呼吸速率RM和组织氮含量紧密相关，因为植物细胞中近90%的氮出现在蛋白质中，蛋白质需要能量来修补和更新，这一部分支出约占RM的20%（Boumaet al，1994）。但在部分研究中，氮输入并没有引起呼吸作用的明显变化，可能是因为在这些试验中，进入植物体的氮很大一部分是以游离氨基酸的形态储存的，即最终转化为蛋白质形态的氮不多（Van and Roelofs，1988），因而，植物组织氮含量与呼吸作用的相互关系受植物中氮的储存方式的限制。强呼吸作用会通过一系列机制导致植物衰退，强呼吸速率可能耗尽碳库，并减少用来维持根生长和营养吸收的碳水化合物的供应。碳库减少也可能降低细胞防御和修复机制所需的糖类的供应，降低整体抗逆性。

1.3 外源氮输入对土壤呼吸作用的影响

土壤呼吸，也称作土壤总呼吸，严格意义上是指未受扰动的土壤中产生 CO_2的所有代谢作用，包括3个生物学过程（土壤微生物呼吸、活根系呼吸和土壤动物呼吸）和一个非生物学过程，即含碳物质的化学氧化作用。它是陆地生态系统碳素循环的主要环节，也是大气 CO_2浓度升高的关键生态学过程。土壤呼吸通量综合反映了植物根系和土壤微生物的活性以及土壤中碳素周转速度。

关于氮输入对土壤呼吸的影响，近年来国内外进行了大量的研究，涉及了森林（Gallardo A，Schlesinger，1994；Bowden et al，2004；Haynes and Gower，1995；Lee and Jose，2003）、农田（Pautian et al，1990）、草地（周涛，史培军，2006）等陆地生态系统，取得了较多的研究结果，但相关的研究结论并不一致。例如，Gallard（1994）在美国北卡罗来纳州的试验林中发现施氮肥能够增加土壤呼吸；Haynes（1995）对北美脂松林（*P. resinosa*）的研究结果却正好相反；Lee（2003）发现，虽然在棉白杨林（*Populus deltoids Marsh*）中施氮会使得土壤呼吸受到显著抑制，然而在火炬松林（*Pinus taeda* L.）中施氮却没有观察到任何变化；Bowden（2000）对哈佛（Harvard）森林的施氮研究发现，随着时间的变化，施氮的效应也不一样，在施氮初期促进了森林的土壤呼吸，后期则无明显的影响。施氮除了对土壤呼吸速率大小产生直接影响外，还可能通过改变土壤呼吸对其他环境因子如温度的响应而对土壤呼吸碳排放产生间接影响。土壤呼吸温度系数 Q_{10}值主要表征温度上升10℃土壤呼吸增强的倍数，它是反映土壤碳排放对全球气候变暖反馈强度的一个关键指标；周涛等（2006）基于国际地圈生物圈计划（IGBP）土壤数据工作组（Global Soil Data Task Group）的土壤氮数据的研究发现，Q_{10}值与不同土地利用类型的土壤N均存在正相关关系。但也有研究认为，施氮并不影响 Q_{10}值，如贾淑霞等（2007）对相同立地条件下的两种不同林分进行施肥处理，发现虽然施肥明显地降低了林地土壤呼吸的速率，但是，施肥之后两林分中的 Q_{10}

并没有改变，这可能与施氮试验并未引起两林分树种组织中的氮含量发生改变有关。

国内外针对氮对土壤呼吸的影响进行了较多的研究，得出的结论依然存在较大的差异，准确估计氮对土壤呼吸的影响依然十分困难，其原因除了土壤呼吸在受到氮素影响的同时，还受到其他多种环境因子和生物因子的共同影响，多种因素的耦合作用使土壤呼吸对氮的响应变得更为复杂之外，一个最重要的原因可能是土壤呼吸的各个组分包括根系呼吸、根际微生物呼吸、土壤微生物呼吸对氮的响应机理和敏感程度并不一致。因此，有必要进一步将根呼吸与微生物呼吸区分开，分别研究它们对氮的响应；同时，区分土壤根系与微生物呼吸对于精确估算陆地生态系统碳收支也是尤为重要的。

氮输入对土壤呼吸的影响主要体现在 CO_2 释放速率上，而影响其释放的因素除了外源氮素的输入，还有土壤含水量、土壤温度、pH 值、土壤有机质含量、土壤孔隙度、植物特性、土壤耕作利用等。因此，不同的研究者在研究过程中由于时间、地点、科研目的、试验方法的不同以及受本身科研条件的限制等原因，得出的结论往往差异很大。

1.4 外源氮输入对土壤氮动态的影响

外源氮素输入包括大气氮沉降和人为施氮两种主要形式。随着氮输入的增加，土壤中氮素的循环过程也发生着剧烈的变化，并通过这种变化影响植物吸收和生产量累积。有研究指出，氮输入会提高土壤中氮素的初期矿化速率（Throop et al，2004），因为氮与有机物质结合会降低土壤 C/N 比，加速土壤有机物的分解和养分的释放过程。在长期持续施氮条件下，土壤氮素的总矿化作用虽有所增加，但其净矿化速率会逐渐下降，接近或低于对照值（Aber et al，1998），净矿化作用在中等氮沉降水平达到最高（Tietema et al，1998）。Gundersen 等（1998）研究发现，只有在氮限制地区氮输入增加才会提高净矿化速率，而在氮循环较快的地区，施氮会减慢土壤氮的净矿化作用。也有研究认为，矿化作用减小的原因可能是氮输入改变了土壤有机质的化学特性，使分解过程中的胞外酶活性降低，或是土壤中大量有效氮的存在抑制了腐殖质降解酶的生成（Aber et al，1998）。随着氮矿化速率的提高，土壤中更大一部分 NH_4^+在自养细菌的硝化作用下转变为 NO_3^-，氮输入的增加使土壤氮库由 NH_4^+占优势变成了 NO_3^-占优势（Vitousek et al，1997）。McNulty 等（1990）的研究也证实，土壤氮的相对硝化速率（净硝化速率/净矿化速率）与氮沉降速率呈显著正相关关系。Emmett 等研究发现，硝化作用与森林地被物 C/N 比的关系要比其与氮输入的关系更为密切，氮输入增加引起的 C/N 比降低会加速土壤中氮素的硝化作用，从而减小森林地被物层的氮固持效率（1998）。氮输入对土壤氮库的影响比较复杂，一方面，氮增加及随之而来的硝化进程加速会提高土壤氮素的活动性，促使硝态氮流失，土壤氮库变小（Gundersen et al，1998）；另一方面，有效氮的增加会抑制木质素分解酶的产生，并且硝态氮和铵态氮都可能与木质素或酚类化合物结合，形成不易分解的稳定化合物，降低氮分解释放速率，从而提高土壤氮蓄积（Berg and Matzner，1997）。

研究发现，氮沉降输入水平和氮流失速率存在密切关系，尤其在出现“氮饱和”的区域，这种关系更为明显（Aber et al，1998）。NO_3^-是土壤中的可移动离子，常以溶液的形式被淋溶损失，氮损失的过程会加速其他元素的流失，造成土壤酸化，这些变化又会间接降低植物生产力（Asner et al，1997）。生态系统氮输入的持续增加有可能通过土壤酸化和盐基离子损耗来间接影响植物生长。生态系统对氮沉降的响应很大程度上取决于所输入氮的形式、H^+产生过程（硝化作用、植物吸收、$NH4^+$固持）和 H^+消耗过程（反硝化作用、植物吸收和 NO_3^-固持）之间的平衡，以及土壤的缓冲能力（Uehara and Gillman，1981）。土壤 pH 值可以决定缓冲 H^+的有效元素。例如，pH 值在 4.2 以上时，盐基离子和碳酸盐反应是重要的缓冲剂，而氢氧化铝反应可以缓冲酸性更强的溶液，并释放出铝。热带土壤由于长期强烈的风化作用，主要矿质元素损耗严重，对土壤溶液 pH 值变化的缓冲作用小，这类土壤对酸碱度变化更为敏感，通过水合铝氧化物的水解缓冲土壤溶液酸性，这种缓冲作用会造成土壤溶液中铝和盐基离子的损失（Matson et al，1999），阻碍植物正常生长。Boxman 等（1998）在荷兰一个高氮沉降地区用隔绝罩来减少氮、硫从大气的输入，研究发现植物生长提高了50%，他们认为这可能与氮饱和状态得到缓解后钾、镁含量的增加有关。高氮输入区的磷缺乏也可能是抑制植物生长的原因之一，Carreira等（1997）在苏格兰对森林做酸雾处理，结果表明，相比于对照样地，处理后植物胸径增长显著变慢，这可能与酸处理引起的磷循环变慢、土壤中有效磷减少有关，但同时（Ca+Mg）/Al从9.5降到0.4，很难从中区分出是盐基离子减少还是磷不足阻碍了植物生长。

氮固定和流通的增加常常伴随着含氮痕量气体（包括N_2O、NO和NH_3）的沉降、迁移、转化、释放过程的加速（Vitousek et al，1997）。含氮痕量气体的释放取决于硝化、反硝化过程中流通的氮量，而环境变量，例如水浸孔隙等，则决定了哪个过程占主导，哪种气体为主要产物，因而氮沉降增加可能提高含氮气体的通量，尽管不同形式的气体对应的变化会有差异（Firestone and Davidson，1989）。

N_2O是最重要的温室气体之一，它在对流层比较稳定，存留时间长达120年，N_2O的汇主要是在平流层，在平流层中N_2O与O_3发生反应，每年消耗10~10.5Tg N的N_2O。一个N_2O分子产生的温室效应大约是一个CO_2分子的296倍，且大气中N_2O浓度正在以每年0.25%的速率增加（Schimel et al，1996），所以，它给全球变暖带来的潜在影响是不可忽视的。与农田施肥有关的生物源排放是最重要的人为氮输入，氮输入增加会促进N_2O从土壤释放的过程，Neff等（1994）在美国科罗拉多州高山生态系统研究中发现，施用氮肥2年后，干草地和湿草地的N_2O排放比对照样地分别高出22倍和45倍。而N_2O在对流层是活性的，存留时间仅为几小时到几天。N_2O对对流层O_3形成及地区性大气化学特征变化有重要影响。化石燃料燃烧是N_2O最大的人为源，其次是干物质燃烧和耕作土壤中微生物活动引起的间接排放（Davidson and Kingerlee，1997）。氮输入增加也会提高NO的年通量，研究表明，美国加利福尼亚州南部的高氮沉降区，在8月中旬其干土壤N_2O通量大约是北美典型森林的20倍（Fenn et al，1996）。同时，NO通量是生态系统氮状态的重要表征，Fenn等（1996）指出，美国西部未受干扰且排水较好的森林土壤中高的N_2O释放量可能是生态系统出现氮饱和状况的有效诊断特征。

对温带森林而言，温带森林的氮固持会在很长一段时间内大于氮损失，直至生态系统达到氮饱和，大量氮以氮氧化物和NO_3^-的形式流失（Fenn et al，1996；Aber et al，1998；Asner et al，2001），因而，在一段时间，甚至几十年内，氮输入可能不会对温带森林的含氮气体排放有显著影响。超过80%的热带森林具有比温带森林更高的氮循环数量和速率，Hall 和 Matson（1999）对磷限制的热带森林做长期氮施肥研究发现，持续氮输入会使硝化细菌种群数量大幅增加，这种增加与紧随施肥之后出现的N_2O、NO 排放的幅度和持续时间显著正相关，而在氮限制的热带森林中并未发现类似关系，磷限制的热带森林释放的氮氧化物多于氮限制的森林。

1.5 外源氮输入对土壤有机碳库的影响

土壤碳库是陆地碳库的重要组成部分，包括土壤有机碳和土壤无机碳。氮输入对土壤碳库的影响主要体现在对土壤碳过程的影响，增加氮可能会影响陆地土壤、植被的生产力，改变生态系统的生理生态功能，结构和生物地球化学循环，影响土壤碳的输入输出过程。

随着大气氮沉降日益加剧，氮沉降全球化趋势愈趋明显（Galloway et al，2001）。已有研究显示，我国已经成为除西欧、北美之外的全球第三大氮沉降集中区（鲁显楷等，2007）。因此，外源氮素的输入将很可能改变陆地生态系统可利用氮素的状况，从而对土壤碳库产生重要影响。不同土壤类型不同深度土壤有机质随氮素输入的变化是不同的，连续 4 年输入氮增加了酸性土壤中 0~10cm 深度的有机质含量，而碱性土壤中的变化却不明显；25cm 深度的酸性土壤中这一现象更加明显（Hagedorn et al，2003）。田间施肥通常会因为植物生物量的增加而导致有机质的积累（Christensen and Johnston，1997）。另有许多试验显示，氮素限制有机质分解，因此关于氮素能够加速植物凋落物的分解也是有争议的（Henriksen and Breland，1999）。凋落物中氮的含量与有机质分解速率呈显著的正相关关系（de Neergaard et al，2002），但由于受到无机氮添加物的影响也同样能够导致有机质分解速率的降低（Magill and Aber，1998）。无机氮能够加速可溶性碳水化合物的分解，但对于木质素之类的难溶性物质却有相反的影响（Fog，1998）。这可能与以下几方面的因素有关：①氮输入改变了不同的分解者之间的竞争；②铵离子限制了木质素分解酶的活性；③增加了其难溶性的成分（Carreiro et al，2000）。

对土壤有机碳含量而言，外源氮输入的影响效应尚存在很大的不确定性，不同的氮素输入量、氮肥种类及输入时间长短都对最终的结果产生影响。一种观点认为，氮输入能促进碳固定，从而增加土壤有机碳含量（Conant et al，2001；Malhi et al，2003）。例如，Malhi 等（2003）探讨了连续施肥 27 年对种植雀麦草的薄层黑钙土总有机碳的影响，结果表明，随着氮肥水平的增大［由 0kgN／（hm^2·年）、56kgN／（hm^2·年）、112kgN／（hm^2·年）、168kgN／（hm^2·年）、224 kgN／（hm^2·年）到 336 kgN／（hm^2·年）］，0~30 cm 土层的总有机碳浓度和数量也逐渐增加，同时高氮水平下土壤碳的增加速度更快，而低氮水平下单位氮肥的增碳效率更高。另一种观点认为，氮素输入减少了土壤有机碳储存。例如，Mack 等（2004）在阿拉斯加苔原带进行的一项为期 20 年的长期施氮研究表明，长期施氮造成苔原生态系统每平方米净损失 2kg 碳。也有研究表明，氮素输入对土壤有机碳库影响不大（Unlu et al，1999）。Soussana 等（2004）应用单室模型评价了施肥措施对法国温带草地土壤碳蓄积的影响，认为适度施肥对有机质向土壤输入的促进作用比对有机质分解的促进作用大，因此有利于土壤碳吸存；但是强度施肥对二者的促进作用都较大，综合起来对土壤碳吸存没有明显作用，甚至有可能造成土壤碳损失。

上述研究之所以存在很大争议，主要是因为目前还不能从机理上解释清楚氮素输入到底是通过什么方式对土壤碳库产生影响。正像 Nadelhoffer 等（1999）指出的那样，在土壤表层，大部分增加的氮被矿化了，是否是氮素直接影响了碳含量的改变，还是氮输入通过影响其他因素间接来促进土壤碳含量的改变，其机理还不是很清楚。Hagedorn 等（2003）认为是氮输入通过降低土壤中腐殖质的分解速度来增加土壤碳储量；而曹裕松等（2006）指出可能存在一些非生物学过程，使一部分氮固定在土壤有机质中，从而使土壤呼吸作用受到抑制；Saiya-Cork 等（2002）认为氮的富集可以抑制一种能够对木质素起分解作用的酶的形成，并且氮能够与木质素残留物进行作用，形成能够较大程度抵制微生物降解的有机复合物，从而对土壤有机碳含量有促进作用。相反 Neff 等（2002）研究发现氮输入可能是通过改变土壤有机质的溶出作用，或者破坏某些有机矿质复合体来加剧活性有机碳的溶出，进而减少土壤有机碳含量。

1.6 外源氮输入对土壤可溶性有机碳的影响

土壤可溶性有机碳（Dissolved Organic Carbon，DOC）是指受植物和微生物影响强烈，具有水溶解性，在土壤中移动比较快、不稳定、易氧化分解，对植物与微生物来说活性比较高的那一部分土壤有机碳素，它主要来源于土壤腐殖质及植物残体的微生物分解产物和非生物淋溶产物。从不同途径产生的土壤溶解性有机碳一部分被微生物分解同化并以 CO_2形式逸失到大气中，一部分被土壤吸附而暂时保存，还有一部分则随下渗水、侧渗水和径流离开表层土壤系统。土壤 DOC 是土壤活性有机质，容易被土壤微生物利用和分解，在提供土壤养分方面起着重要的作用，对外界环境的变化也更敏感；同时，它的淋失和氧化分解也是土壤有机质损失的重要途径，对研究土壤碳素循环及其环境影响效应有重要意义。土壤 DOC 是土壤总碳中较小的一部分，但是它对于生态系统养分平衡的研究非常重要（Magill and Aber，2000）。氮输入对土壤 DOC 的形成和淋溶产生的是促进作用还是抑制作用，不同学者得出的结论是不同的。

增加氮输入会因凋落物中氮的含量增加、微生物活动加强而导致 DOC 的减少，主要是由于大量的活性碳要用来驱动氮的固定（Aber，1992）；DOC 变化的趋势与氮输入增加的趋势相同（Guggenberger and Zech，1993），主要是由于增加的氮会刺激微生物活动且抑制木质素的产生；在高的氮沉降区，DOC 也随着氮利用率的升高、生物活动的加强而增加（Guggenberger，1994）。Magill 等试验均得出了增加氮输入并没有明显影响到 DOC 浓度的研究结果（Magill and Aber，2000；Frank et al，2002；Currie et al，1996)，土壤中 DOC 的浓度主要与不同的森林和群落类型有关；McDowell 等（1998）在 Harvard 森林试验中研究发现，连续施氮 4 年后，DOC 的含量只有较小的变化。鉴于以上不同的结论，Sjoberg 等（2003）通过采用瑞典挪威云杉林中的粗腐殖质进行室内培养一段时间，采用人工淋溶液态氮肥的方法来模拟氮增加对 DOC 和 CO_2的影响，结果却发现DOC 没有显著变化，而 CO_2和 C/N 却明显降低。诸多研究结果表明，目前氮输入对 DOC 的影响不显著，主要是由于落叶产生的 DOC 很容易被微生物利用，但对于增加氮沉降中活性氮的可利用性能否改变枯枝落叶层 DOC 通量和活性碳库还有待于进一步的研究。

目前关于氮素输入对草地生态系统土壤中活性碳影响的研究还不是很多，在基本结论和原因分析两方面都存在不同的结论，引起了诸多的争议。Emmett 等（2001）在泥炭灰壤土酸性草地上的研究表明，氮素添加对土壤 DOC 含量的影响与氮素形态及氮肥用量都有关系，施加 $NaNO_3$［20kgN/(hm^2·年)］肥料能显著增加 DOC 浓度，而添加等量的（NH_4)$_2$$SO_4$则降低了土壤 DOC 含量；此外，施加 10kgN/（hm^2·年）的（NH_4)$_2$$SO_4$对 DOC 含量不产生影响。Malhi 等（2003）的试验结果表明，0~30cm 土层的活性有机碳的浓度和数量随着氮肥比率增加而增加，呈显著的二次方程响应。但也有学者认为（Gundersen et al，1998)，氮元素可以通过增强土壤微生物活性、增加土壤腐殖质的稳定性等途径来降低土壤中的 DOC 含量。关于氮素输入对于土壤微生物生物量碳（MBC）的影响，Fisk 等（2001）发现，长期的氮肥试验使得土壤 MBC 含量和氮输入呈显著负相关关系，随着氮输入量的增多 MBC 反而减少。相反，短期的施肥却表现出 MBC 的增加（Hart and Stark，1997)。也有研究表明，施用无机肥料、有机肥料可使 MBC 含量在施肥初期大量增加，但随着时间的推移，MBC 含量又有所降低（王岩等，1998)。这些相互矛盾的结果可能与初始微生物类群、土壤 pH 值、有机质以及土壤养分含量的不同有关（Lee and Jose，2003)。另外，施肥对草地土壤活性碳的影响与草地本身的氮素本地水平有很大关系。如 Sarathchandra 等（1988）研究表明，施肥对比较肥沃的草地 MBC 含量没有显著影响，而在较贫瘠草地的施肥试验表明，肥料用量减少后，土壤 MBC

含量也相应减少（Bardgett and Leemans，1995）。

1.7　外源氮输入对土壤微生物量碳的影响

土壤微生物生物量作为土壤有机质和土壤养分循环转化的动力，是土壤有机质中最活跃和最易变化的部分，能够敏感地反映土壤生态系统水平的微小变化，在各种土壤生化过程研究中均具有非常重要的意义（何雅婷等，2010）。微生物量碳是反映土壤微生物量大小的最重要的指标，占微生物干物质的40%～45%，是土壤养分的贮备库和植物生长可利用养分的重要来源（吴金水等，2006）。与对TOC以及DOC的研究相比，目前对于土壤MBC变化与分布规律的研究要薄弱的多，且多以短期研究为主。

在森林土壤MBC方面，涂利华等（2010）发现氮沉降增加降低了土壤MBC，这与Bowden等（2004）和Mo等（2008）研究结果类似。王晖等（2008）也发现，随着氮沉降增加（0kg/hm^2·年、50kg/hm^2·年、100kg/hm^2·年、150kg/hm^2·年），季风林土壤MBC减少，但DOC的含量则增加，且此趋势在高氮处理下表现明显。然而，氮沉降增加对马尾松林和混交林土壤MBC和DOC含量的影响均不显著。研究结果的不同可能与初始的微生物群体、土壤pH值、有机质以及土壤养分含量的不同有关。另外，土壤微生物的分解过程还受到土壤C/N的限制，同时，根系也将在吸收养分和腐殖质分解中与土壤微生物发生冲突（张丽华等，2006）。

肖胜生（2010）对温带草原土壤MBC连续2年的研究结果表明，施氮对各层次土壤MBC的平均含量均没有显著性影响。由于有研究（朱志建等，2006）发现，施氮对土壤有机质含量没有显著影响，而有机质作为土壤中异养微生物的主要养分和能量来源，其含量、组成和性质对维持微生物群落组成及其多样性至关重要，微生物量与土壤有机碳含量显著正相关，这也在一定程度上可以解释土壤微生物量对施氮的响应规律。但王长庭等（2013）在青海高寒草甸2008—2009年2年的施氮研究（尿素，0g/m^2、12g/m^2、20g/m^2、32g/m^2、40g/m^2）表明，随着施肥梯度的提高，土壤MBC含量逐渐增加且呈单峰曲线变化。在0～32g/m^{2}的施肥梯度间，土壤

MBC 随施肥梯度提高而增加；在 40g/m^{2}的肥力梯度上，随施肥梯度提高而降低。这是由于随着施肥量的增加，高寒矮嵩草草甸植物群落功能群组成发生改变，群落组成的变化影响了有机碳输入的数量和质量，施肥 20g/m^{2}或 32g/m^{2}时 TOC 和 MBC 含量最高，反映出适宜施肥量的土壤微生物生态系统功能良好，反之土壤生态系统功能将被抑制，土壤中微生物生物量降低，土壤微生物腐解能力减弱，土壤中营养元素循环速率和能量流动也减弱，导致高施肥量草地群落土壤质量低于适宜施肥量的草地。

农田生态系统中，Wu 等（吴金水等，2006）在黄土高原农田（黄绵土、灰褐土及黑垆土）的试验中发现，仅施加了化学氮肥的土壤其 MBC 含量未受影响，而氮磷肥同时施加却大大提高了 MBC 含量。而艾孜古丽·木拉提等（2012）在陕西国家黄土肥力与肥料效益监测基地 3 年（2007—2010 年）的定位试验（尿素，N1 不施氮、N2 常规施氮 471kg/hm^2·年、N3 推荐施氮 330kg/hm^2·年、N4 减量施氮 165kg/hm^2·年、N5 增量施氮 495kg/hm^2·年和 N3+S 推荐施氮+秸秆覆盖）结果显示，在 0~20cm 土层中 MBC 含量为 N3+S>N4>N2>N3>N5>N1，而在 20~40cm 土层中，与 N1 比较，其他 4 种施肥方式差异达到显著水平。Insam 等（1989）也发现施用了化学肥料（氮肥、氮磷肥）的土壤 MBC 均比未施的要高。这说明氮肥的施用为土壤微生物提供了营养，促进了土壤微生物生长。但施肥方式的不同，土壤有机碳不同组分含量会存在明显差异。

对于土壤 MBC 对施氮不同响应的主要机制，Kaye 和 Hart（1997）指出可能与微生物群落结构或组成的改变密切相关。一般认为，当基质碳氮比低于 30∶1 时，微生物在理论上不受氮限制，但其研究中土壤碳氮比为 20.26，土壤 MBC 在氮输入后却明显降低，而土壤微生物量氮含量则随氮输入量的增加而呈线性增加趋势，表明氮输入可能改变了土壤微生物群落结构或组成，使氮输入的氮很大一部分储存于微生物中，这与 Bradley 等（2006）研究得出氮输入短期就可改变微生物群落组成的结论相同。

2 研究区域概况和研究内容

2.1 研究区域概况

2.1.1 地理位置

呼伦贝尔草原位于亚欧大陆草原东端、蒙古高原东北缘，地处大兴安岭西麓，是目前我国保存最为完好的草原之一，被称为世界上最好的草原。呼伦贝尔草原由东向西呈规律性分布，地跨森林草原、草甸草原和干旱草原3个地带，处于东经115° 21′~126°06′，北纬47° 05′~53°20′ 。东西跨越630km，南北跨越700km，总面积25. 3万km^2。地形以高平原为主，海拔500~800m。呼伦贝尔草原东邻黑龙江省，西、北与蒙古国、俄罗斯相接壤，是中国、俄罗斯和蒙古国三国的交界地带，与俄罗斯、蒙古国有1 723 km的边境线，有8个国家级一、二类通商口岸，其中满洲里口岸是中国最大的陆路口岸。呼伦贝尔草原具有独特的地理位置，在我国乃至世界草原中都具有特殊地位，是当前草原研究的热点区域。西北边以额尔古纳河与俄罗斯为界，西边和南边与蒙古国相毗邻，国境线长达675km。草原中心城市是海拉尔，西部边界上有口岸城市满洲里，东边与北边与大兴安岭林区相接，并有新兴城市牙克石市和额尔古纳市，是中国北方少数民族和游牧民族的发祥地之一，是多民族聚居区。各具特色的风土人情，珍贵的历史文物古迹，回味无穷的地方风味，为美丽富饶的呼伦贝尔增添了独特的魅力。

2.1.2 气候特点

呼伦贝尔草地地处欧亚大陆中纬度地带，位于温带北部，一小部分地区在寒温带，因纬度偏高，地面从太阳辐射得到的热量减少，气温降低，又远离海洋，加之受蒙古高压气团的控制，因此呼伦贝尔草地属于温带大陆性季风气候。大兴安岭山脉成东北西南走向并贯穿呼伦贝尔盟中部，使来自太平洋的东南季风深入大陆受到削弱，同时也因其天然的屏障作用，使来自西伯利亚蒙古寒流受到阻挡，岭东岭西形成了明显的气候差异。岭东四季分明，气候温和，降水较多，属于半湿润森林草原气候，岭西比较寒冷干旱，降水较少，属于半湿润半干旱的草原气候；大兴安岭山地则形成寒冷湿润的森林气候。年降水量类型为：岭东区属于半湿润性气候，年降水量在500~800mm；岭西区为半干旱性气候，年降水量为300~500mm。年气候总特征为：冬季寒冷干燥，夏季炎热多雨。气候特点是冬季寒冷漫长，夏季温凉短促，春季干燥风大，秋季气温骤降霜冻早。热量不足，昼夜温差大，有效积温利用率高，无霜期短，日照丰富，降水量不多，降水期多集中在7—8月。降水量变率大，分布不均匀，年际变化也大。冬春两季各地降水一般为40~80mm，占年降水量15%左右。夏季降水量大而集中，大部地区为200~300mm，占年降水量65%~70%，秋季降水量相应减少，总的分部趋势是：农区60~80mm，林区50~80mm，牧区30~50mm。温度较低，冬冷夏暖。全盟大部分地区年平均气温在0℃以下，只有大兴安岭以东和岭西少部分地区在0℃以上，岭东农区年平均气温在1.3~2.4℃，大兴安岭地区为-2.0~5.3℃，牧区为0.4~3.0℃。最冷月（1月）平均气温在-18-30℃，最热月（7月）平均气温在16~21℃。3—5月春季的呼伦贝尔天气干燥，降雨较少，且大风天气较多；6—8月夏季阵雨较多，温度偏高，但相较国内其他城市，呼伦贝尔的夏季还是比较凉爽，平均气温在20℃左右；9—10月秋季霜冻天气较多，日夜温差在10℃左右；11—12月冬季时间长且寒冷。

研究区选择在中国农业科学院呼伦贝尔草原生态系统国家野外科学观测研究站，试验站位于内蒙古呼伦贝尔市谢尔塔拉牧场，地处大兴安岭西麓丘陵向蒙古高原的过渡区，地理位置N49°19′~49°21′，E119°55′~119°58′,海拔628~649m。属温带半干旱大陆性气候，冬季寒冷漫长、春季干燥大风、夏季温凉短促，无霜期一般为95~110d，年均温-3~0℃，极端最高、最低气温可达 36.2℃和-48.5℃，大于 10℃积温 1 780~1 820℃，无霜期 95~110d，年平均降水量 350~400mm，年度间极不平衡，主要集中在 6—8 月份。

2.1.3 地形地貌

呼伦贝尔盟地处内蒙古东部，总体属于高原型地貌，是亚洲中部蒙古高原的组成部分。在地质构造上受北东向新华夏系构造带和东西向的复杂构造带控制，形成了大兴安岭山地、河谷平原、呼伦贝尔高平原 3 个较大的地貌区域。

大兴安岭山地以东北西南走向绵延于内蒙古高原的东部边缘，长达 1 400km，在呼伦贝尔盟境内可为其北段，长约 700km，北宽南窄，北部最大宽度 450km，南部宽 200~300km。山脉地势北低南高，海拔高度 800~1 700m,以中山占地面积为最广。整个山脉山势和缓，山顶浑圆而分散孤立，几乎无山峦重叠现象，从而缺乏形成小气候条件。山地海拔高度多在 1 000~1 100m，属中低山地。气候严寒，永冻土层分布广泛，冰缘地貌十分发育，溪流宽谷到处可见，沼泽遍地。

呼伦贝尔高原位于大兴安岭西侧，东西 300km，南北 200km，海拔多在 600m 以上，四周是低山丘陵。山麓丘陵地带广泛堆积着岩屑和冲积物质，地面起伏不平。东部山前丘陵海拔 800~900m，相对高度 100~200m，由于受大兴安岭山地的影响，气候半湿润，是森林草原地带，森林与草原交错分布。边缘山地海拔 900~1 200m，丘陵与山地的岩石主要由花岗岩组成。仅南端与蒙古高原连成一片。地势大致东南稍高，略向西北倾斜，中部稍低，沉积深厚的松散物质，俗称呼伦贝尔拗陷高平原。高原中部为波状起伏的呼伦贝尔台地高平原，位于东部低山丘陵地带的西南，一直延伸到呼伦池东岸，是构成呼伦贝尔高原的主体，也是蒙古高原北部边缘。

河谷平原主要有内江西岸河谷平原和额尔古纳河上游河谷平原。嫩江西岸河谷平原位于大兴安岭东麓向松嫩平原的过度地带，西自大兴安岭山麓呈阶梯状从中山、低山、丘陵下降至松嫩平原的西部边缘，海拔高度 200~500m，主要为嫩江及其支流甘河、诺敏河、阿伦河、雅鲁河等所形成的冲积平原，以及众多河流所形成的一条条带状河谷平原，分布在低山丘陵，地形平坦，也包括洪积和洪积起源的平原，这里也叫山前洪积平原。平原成缓坡起伏，在靠近大兴安岭一侧存在着石质丘陵和分割的丘陵状阶地以及其间的低平甸子地。额尔古纳河上有河谷平原地形平坦开阔，一般宽5~10km，上连海拉尔河下游低地，下连三河下游的大片沼泽低地。这里支流较多，水流不畅，沼泽遍地，牧草生长繁茂，形成低地草甸和沼泽两大类草地。

2.1.4 土壤植被

土壤在地理分布上与植被气候带相适应，呼伦贝尔地区明显地表现为经向地带性的水平分布规律和垂直分布规律。呼伦贝尔地带土壤有黑土、暗棕壤、棕色针叶林土、灰色森林土、黑妈土、栗韩土，隐域性土壤主要有草甸土、沼泽土、风沙土、盐土、碱土等。草原不合理的开垦造成了牧区土壤严重的风蚀沙化。20世纪60年代栗钙土地带的干草原上大面积垦荒达到万亩，这里由于气候干旱，风力大，土壤质地较轻，开垦不久便发生了严重的风蚀，扩大了土壤沙化面积。过度放牧不仅造成草原质量变劣，产量下降，而且导致土壤风蚀沙化，盐渍化即草场退化。土壤的水平分布主要受纬度地带性和经度地带性共同控制，大兴安岭山地对土壤水平分布有很大的影响。

呼伦贝尔草地位于北纬47°05′~53°20′，东经115°31′~126°04′，从北向南地跨两个热带量。一般北纬51°30′左右是寒温带与中温带的界限，由于大兴安岭的隆起，寒温带纬度界线向南偏移。寒温带地区由于纬度高，热量少，温度低，集中分布着对热量要求不高并能在永冻层土壤上生长的兴安落叶松。在寒温带针叶林下发育的地带性土壤为棕色针叶林土。隐域性土壤沼泽土在高纬度地带也较广泛发育。中纬度地带随纬度南移，水热条件的改变，生长着夏绿阔叶林和草原植被，发育着暗棕壤、灰色森林土、黑土、黑钙土、栗钙土等地带性土壤。但土壤的纬向地带性分布基本限制在温带气候带范围内，纬向地带性并不十分明显。

土壤的水平分布规律因为受大兴安岭的屏障作用，随着生物气候带的变化，呼伦贝尔草地的土壤呈明显的经度地带性分布。呼伦贝尔盟的气候以大兴安岭山地为中心，热量向东西两侧递增，但水分是从东向西递减。植被的分布与气候相适应，大兴安岭山地为寒温湿润针叶林带，东侧为温凉半湿润阔叶林带至温凉半湿润森林草原带，岭西为温凉半湿润森林草原带到温凉半干旱草原带。呼伦贝尔盟土壤分布与植被气候带相适应也呈带状分布，自东向西分布着黑土地带—山地暗棕壤地带—山地棕色针叶林土地带—山地灰色森林土地带—黑钙土地带—栗钙土地带。

呼伦贝尔是我国温带草甸草原分布最集中、最具代表性的地区，发育了多种类型的草甸草原生态系统。从东到西经由草甸草原逐渐进入半干旱气候的典型草原地带，随气候干燥度形成了自东向西递变的生态地理梯度，地带性植被从东向西明显的分为温性草甸草原和温性典型草原；隐域性植被为低平地草甸、山地草甸和沼泽。植被组成主要有羊草（*Leymus chinensis*）、贝加尔针茅（*Stipabaicalensis*）、硬质早熟禾（*Poa sphonbylodes*）、斜茎黄芪（*Astragalus adsuigens*）、山野豌豆（*Vicia amoena*）、寸草苔（*Carex duriuscula*）和日阴菅（*Carex pediformis*）等。

2.1.5 社会经济

呼伦贝尔市现辖13个旗市区。其中，有1个区为海拉尔区；5个市为满洲里市、扎兰屯市、牙克石市、根河市、额尔古纳市；7个旗为阿荣旗、莫力达瓦达斡尔族自治旗、鄂伦春自治旗、鄂温克自治旗、新巴尔虎左旗、新巴尔虎右旗、陈巴尔虎旗。有74个镇（含两个矿区）、23个乡（其中13个民族乡）、25个苏木（其中1个民族苏木）、36个街道办事处。呼伦贝尔市人民政府驻海拉尔区。

呼伦贝尔市总人口约为269万人。男性人口约137万人，女性人口约132万人，各占总人口的51.1%和48.9%。在人口构成中，农业人口约100万人，非农业人口约168万人，各占总人口的37.4%和62.6%，其比为1∶1.67。城填人口约149.3万人，乡村人口约122.1万人。国有单位职工24万人，集体单位职工16万人，农村、牧区乡村从业人员约27万人。

呼伦贝尔是一个以蒙古族为主体，汉族居多的多民族聚居的地区。全市有蒙古、汉、达斡尔、鄂温克、鄂伦春、满、回、朝鲜、锡伯、壮、俄罗斯、苗、藏、土家、柯尔克孜、侗、赫哲、羌、彝、高山、维吾尔、黎、哈萨克、纳西、白、瓦、瑶、畲、普米、布依、水族31个民族。2003年，全市在岗职工工资总额达50.4亿元，比上年增长18.2%。在岗职工年平均工资19 686元，增长17.7%；城镇居民人均可支配收入10 364元，增长14.5%。城镇居民人均消费性支出7 642元，增长18.5%。城镇居民家庭恩格尔系数30.5%。城镇居民住房人均建筑面积25.64m^2；农牧民人均纯收入4 211元，增长16.7%。其中，农民4 063元，增长16.2%。牧民5 895元，增长20.2%。农牧民人均生活消费性支出3 284元，增长22.4%。农牧民家庭恩格尔系数35.1%。农牧民人均居住面积20.19m^2，增长2.8%。

2003年，荒山荒（沙）地造林面积完成1.57万hm^2，封山（沙）育林面积25.25万hm^2，幼林抚育面积3.79万hm^2。机电井21 352眼（包括人饮井），有效灌溉面积达到17.21万hm^2，新增有效灌溉面积0.61万hm^2。节水灌溉面积达到17.53万hm^2，新增节水灌溉面积0.88万hm^2。治理水土流失面积34.33万hm^2，新增治理水土流失面积4.3万hm^2。

2003年，全市牧业牲畜存栏达1 546.43万头只，比上年增长0.5%。其中，大小牲畜存栏1 443.28万头只，增长0.2%。生猪存栏103.15万口，增长5.21%；全年牲畜出栏675.65万头只，增长27.0%。其中，大牲畜出栏43.06%万头，增长29.0%。小牲畜出栏566.28万只，增长26.7%。牲畜出栏率达43.92%，比上年增加个8.02个百分点；良种及改良种牲畜1 370万头只，比上年增加60万头只，增长4.6%；奶类产量133.07万t，比上年增加7.68万t，增长6.2%。肉类产量24.66万t，比上年增加0.64万t，增长2.7%。禽蛋产量2.87万t，下降11.1%。

2.2 研究内容

本研究以中国农业科学院呼伦贝尔草原生态系统野外科学观测研究站为研究基地，以我国内蒙古草甸草原生态系统为研究对象，模拟氮沉降对草甸草原生态系统碳氮循环关键过程的影响。主要研究内容如下。

（1）不同氮水平下，草甸草原生态系统温室气体（CO_2、CH_4、N_2O）通量的变化特征。

（2）不同氮水平与不同氮类型下，土壤碳库的动态变化特征。

（3）不同氮水平与不同氮类型下，土壤矿质氮的季节变化特征。

（4）不同氮水平与不同氮类型下，土壤净氮矿化的季节变化特征。

试验地点选择在呼伦贝尔站的长期固定草地试验区。呼伦贝尔站位于内蒙古呼伦贝尔市谢尔塔拉牧场，地处大兴安岭西麓丘陵向蒙古高原的过渡区，具体地理位置在 N49°19′~49°21′，E119°55′~119°58′，海拔 628~649m。属温带半干旱大陆性气候，冬季寒冷漫长、春季干燥大风、夏季温凉短促，无霜期一般为 95~110d，年均温-3~0℃，极端最高、最低气温可达 36.17℃和-48.5℃，大于 10℃积温 1 780~1 820℃，无霜期 95~110d，年平均降水量 350~400mm，年度间极不平衡，主要集中在 6—8 月。试验地点土壤的主要理化性质如下表所示。

表　0~20cm 土壤主要理化性质

土壤类型	有机碳（%）	全氮（%）	碳氮比	pH
暗栗钙土	5.10	0.20	25.5	5.91

2.2.1　试验设计

试验依托中国农业科学院呼伦贝尔草原生态系统野外科学观测研究站。试验区选择在长期固定草地试验区贝加尔针茅围栏样地，采用人工方式补充不同形态的氮素模拟大气沉降的主要离子（NH_4^+、NO_3^-、SO_4^{2-}、K^+）输入，设置 NH_4Cl、$(NH_4)_2SO_4$ 和 KNO_3 3 种氮肥形式，每种肥料设对照（CK）、低氮（10kg N/hm² · 年）和高氮（20kg N/hm² · 年）3 个水平，每个处理 3 次重复，于生长季节内每月的月初将所需氮肥溶于 20ml 水中，均匀喷洒于各样方内。对照样方则喷洒相同数量的水，以减少处理间因外加的水而造成的影响。试验小区共计 24 个：4（3 种肥料和不施肥）×2（2 种施肥水平）×3（3 个重复）。小区面积为 3m×4m，小区之间间距为 2m，样地的外围缓冲区宽度为 2m。按完全随机区组设计，总样地的大小为

40m×30m。每 6 个小区为一个基本试验单元，如图所示。

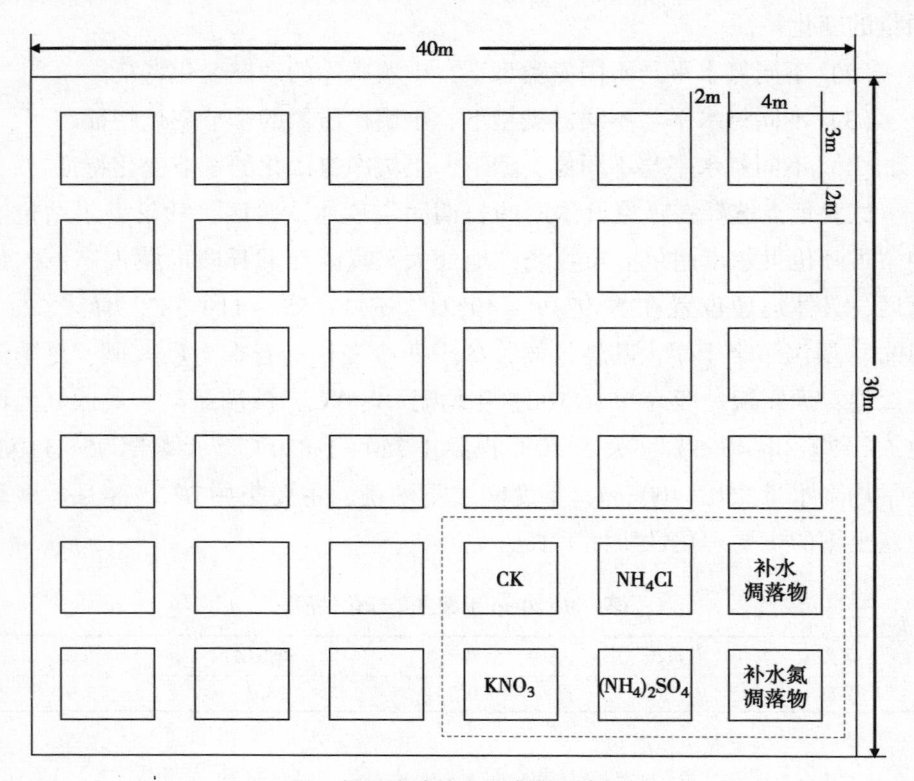

图　氮沉降试验小区布置示意图

2.2.2　试验方案

2.2.2.1　氮沉降对温室气体通量的影响

本研究的目的是估算氮沉降对内蒙古草甸草原生态系统主要温室气体排放和吸收特征的影响，采用静态暗箱—气相色谱方法测定温室气体 CO_2、CH_4、N_2O 通量。采样箱用不锈钢钢板制成，体积为 50cm×50cm×45cm。测定时，选择对照（无施肥）、低量（NH_4）$_2SO_4$、高量（NH_4）$_2SO_4$ 3 个处理，每个处理 3 次重复，共 9 个小区。测定频率为 2008 年生长季每月至少进行 1 次日变化观测，间隔时间为白天 2h，夜间 3h；2009 年生长季每月进行一次白天日变化的观测，间隔时间为 2h。

试验前在每个小区内设置静态箱底座，观测时将采样箱放到已插入地下 5cm 深处的不锈钢底座外缘四周的凹槽中，并用水密封。采样箱箱盖装有空气搅拌小风扇、温度计以及用于采气用的硅胶导管、采气三通阀等，采气时间持续 30min，分别抽取盖箱后的 0min、10min、20min 以及 30min 时的气体样品，每次采样时抽取观测箱内气体约 200ml 置于密封气袋中。此外，在每次采样的同时，同步观测气温，0cm、5cm、10cm 地温，箱内温度和土壤水分环境数据，其中箱内温度利用水银温度计（温度范围-30~50℃），气温与 0cm、5cm、10cm 地温利用北京师范大学司南仪器厂生产的 SN2022 型数字温度计（温度范围-30~50℃，测量准确度为 0.5℃，读数分辨率为 0.1℃）测定，土壤水分利用烘干法测定。

2.2.2.2 氮沉降对土壤矿质氮含量的影响

本研究采用野外取样、野外培养土壤和实验室分析分阶段进行的研究方法。采用顶盖 PVC 管法原位测定土壤的无机氮库、净氮矿化速率和净硝化速率。

野外试验：2009 年 5 月初，分别在各小区选取 3 个采样点，先用剪刀将地上植物剪掉，去除地表凋落物，每个点埋入 1 对 PVC 管，取样时把两个顶端消尖的 PVC 管垂直砸入土中到 10cm 刻度线，其中的一个在距管口 2cm 处用塑料膜和橡皮筋捆扎封顶；同时把另一个管取出，将其中的土壤装入封口袋中带回实验室，测定其铵态氮和硝态氮的含量，以此作为另一个管中培养土壤的初始值。以后每隔 30d 取回上一次埋入的培养管，并布置新的培养管，直至 2009 年 9 月结束。在上述野外培养的同时，在每个样地用容积为 $100cm^3$ 的土壤环刀测定 0~10cm 的土壤容重，用以计算每个样地的净氮矿化量和净氮矿化速率。

测定方法：土壤铵态氮和硝态氮用 0.2mol/L KCl 溶液浸提，浸提液用全自动微量流动分析仪（Bran+Luebbe，Germany）测定；土壤水分用烘干法测定；土壤容重用环刀法测定。测定结果均以土壤干重计算。

数值计算与分析：土壤净氮矿化量是培养后与培养前土壤矿质氮含量的差值与降雨淋溶下来的硝态氮之和。

土壤净氮矿化量=培养后的矿质氮（NH_4^+-N+NO_3^--N）-培养前的矿

质氮（NH_4^+-N+NO_3^--N）

土壤净氮矿化速率=［培养后的矿质氮（NH_4^+-N+NO_3^--N）-培养前的矿质氮（NH_4^+-N+NO_3^--N）］/培养时间

土壤净硝化量=培养后的NO_3^--N+淋溶NO_3^--N-培养前的NO_3^--N

土壤净硝化速率=（培养后的NO_3^--N+淋溶NO_3^--N-培养前的NO_3^--N）/培养时间

土壤净氨化量=培养后的NH_4^+-N-培养前的NH_4^+-N

土壤净氨化速率=（培养后的NH_4^+-N-培养前的NH_4^+-N）/培养时间

2.2.2.3　氮沉降对土壤可溶性有机碳、无机碳含量的影响

在采集气体样品的同时，在每个施肥小区，同步采集0~10cm土壤新鲜样品，冷冻保存，对土壤可溶性有机碳、无机碳、有机氮以及土壤pH值进行测定。

土壤全氮用凯氏定氮法测定（土壤农业化学常规分析方法，1983）。

有机碳用重铬酸钾外加热氧化法测定（土壤农业化学常规分析方法，1983）。

土壤pH值的测定：称取过1mm筛子的风干土样10g，至于50ml烧杯中，加入冷却的去CO_2水25ml（水：土=2.5：1），用校正过的pH计测定悬液的pH。

2.2.3　室内分析

2.2.3.1　气体样品的分析

气体样品寄回实验室后，各样品温室气体的浓度在实验室内利用惠普7890A型气相色谱仪进行测定。分析其中温室气体CO_2、CH_4和N_2O的浓度。利用气相色谱的FID（氢火焰离子化检测器）检测CH_4浓度，N_2O浓度用电子捕获检测器（ECD）测定，检测器温度为300℃，色谱柱为80/100目Porapak Q填充柱，柱箱温度为55℃，用高纯N_2作为载气，流速为25cm³/min。CO_2浓度用氢火焰离子检测器（FID）测定，温度200℃，色谱柱为60/80目Porapak Q填充柱，填充柱的温度为柱箱为55℃，高纯N_2作为载气，载气流速为25cm³/min，镍做催化剂，空气和高纯H_2流速分别为

$400cm^3/min$ 和 $40cm^3/min$。分析 CH_4、CO_2 和 N_2O 的分析柱填料分别是 5A 分子筛和 Porapak Q。通过标准气体和待测气体的峰面积比值来计算出样品的浓度，标准气体由国家标准物质中心提供。

气体的通量表示单位时间单位观测面积观测箱内该气体质量的变化。一般正值表示气体从土壤排放到大气，负值表示气体从大气流向土壤或土壤吸收消耗大气中的该气体。CO_2、CH_4 和 N_2O 气体通量的计算公式为：

$$F = \frac{\Delta m}{\Delta t} \cdot D \frac{V}{A} = hD \frac{\Delta m}{\Delta t}$$

式中，F 代表气体通量，V 为观测箱的容积，A 为观测时包围的土壤面积，D 为箱内气体的密度（$D=n/v=P/RT$，单位为 mol/m^3，P 为箱内气压，T 为箱内气温，R 为气体常数），$\Delta m/\Delta t$ 是气体在观测时间内浓度随时间变化的直线斜率，h 为观测箱高度。对通量数据、通量数据与其他环境因子的相关统计分析以及相应的数学模型模拟主要利用 SPSS 13.0 软件包完成。

温室气体的累积排放量计算公式如下：

$$M=\Sigma \frac{(F_i+F_i)}{2} \times (t_{i+1}-t_i) \times 24$$

式中，M 为土壤 N_2O 累积排放量，$\mu g/m^2$；F 为 N_2O 排放通量，$\mu g/(m^{-2} \cdot h)$；i 为采样次数；$t_{i+1}-t_i$ 为采样间隔天数。

2.2.3.2 土壤、植物样品的分析

土壤和植物样品的有机碳（Soil Organic Carbon，SOC）含量采用重铬酸钾外加热氧化法测定。本方法是用过量的 $K_2Cr_2O_7-H_2SO_4$ 溶液在电热板加热的条件下，使土壤有机质中的碳氧化成 CO_2，而 $Cr_2O_7^{2-}$ 等当量地被还原成 Cr^{3+}，剩余的 $Cr_2O_7^{2-}$ 再用 Fe^{2+} 标准溶液滴定。根据有机碳被氧化前后 $Cr_2O_7^{2-}$ 的数量的变化，就可以算出有机碳的含量（刘光崧等，1996）。由于此方法不是根据 CO_2 的质量来推导有机质含量，所以样品中即使有碳酸盐也不会影响测定结果。测定结果以土壤干重计。标准样品为国家标准物质研究中心生产的土壤标样（GSS-1）和植物标样（GSV-3）。每批土样分析时，同时做 2~3 个空白标定，取大约 0.2g 烧过的浮石粉，其他步骤相同，但滴定前溶液的总体积应控制在 20~25ml（刘光崧等，1996）。每 10

个样品设一个重复。

土壤和植物样品全氮（Total nitrogen，TN）含量的测定采用半微量凯氏定氮法（刘光崧等，1996）。样品中的含氮有机化合物在催化剂（K_2SO_4、$CuSO_4$和Se粉，组成重量比100：10：1）的参与下，经浓H_2SO_4消煮分解，有机氮转化为NH_4^+。用定氮仪（BS-II型，北京农业大学仪器厂生产）将碱化后的NH_4^+-N（NH_3）蒸馏出来，用H_3BO_3吸收，最后以标准酸滴定，计算求出全氮含量。标准样品为国家标准物质研究中心生产的土壤（GSS-1）和植物标样（GSV-3）。测定结果以干重计。每10个样品设1个重复。

2.2.3.3　土壤矿质氮的测定

从野外采回的新鲜土壤先要过5mm土筛，以去除较大的根系和石块，再称取10g左右新鲜土壤于50ml塑料瓶中，加入50ml 0.2mo/L KCl溶液（土水比1：5，W：V），在往复式振荡机上振荡1h，静置10min后，过滤上层清液，土壤浸提液保存在50ml小方塑料瓶中，浸提液用全自动微量流动分析仪（Bran+Lubbe，Germany）测定。不能及时分析的土壤要冷冻保存以备待测。

2.2.4　质量保证

样品的代表性和分析的准确性都直接影响到结果的可靠性，这就需要从选择采样点开始就进行质量保证和质量控制，使最终结果具有代表性、准确性和可比性。任何科学的研究成果都离不开科学的试验结果，而正确可行的科学试验方法对于可靠的科学试验结果的获得至关重要。

本研究工作主要从以下几个方面进行质量保证。

（1）建立全程序质量保证系统。从采样点的选择、试验布置→野外样品采集→样品处理→实验室分析→数据处理→数据汇交各个环节进行全面的质量管理，发现问题及时纠正。布点设计使采样点具有足够的代表性和典型性，使其能准确反映典型温带草原生态系统的土壤、植物、气候等各方面的基本情况。样品的处理严格按照技术规定操作，每次工作结束逐个进行清点样品，确保不发生差错。

（2）建立规范一致的取样方法和分析方法。

（3）建立技术保证系统，包括仪器设备的选择、标准样品的选用等。

试验具体工作中有以下几个关键性技术需要严格把关。

（1）野外样品采集的代表性。这是最基础的一步，也是最关键的一步。尽量选取较平整均一的地块，使采样重复之间具有较好的均质性。

（2）气体采集的关键是箱子的密闭状况，因此每次试验前都往底座凹槽里倒入少量水，通过水封来确保箱子底部边缘不会漏气。另外，在测定土壤气体 N_2O、CO_2排放通量时，尽可能减少人为扰动对土壤的影响。

（3）在本研究中，所使用的经过改造的静态箱，在罩箱 30min 时间内箱内外温度差异不超过 2℃，这与良好的隔热材料有关，从而保证了试验的准确性。

（4）对于土壤矿质氮的浸提要保证土壤是新鲜土样，所以采回后要在 24h 内完成浸提，不能及时完成的要放入冰柜保存待测。

2.2.5 统计分析

采用 Excel 2010 和 SPSS 22 对数据进行预处理和统计分析。观测期间不同处理间温室气体平均通量的差异采用 One-way ANOVA 进行分析，最小显著差数法（Least significant difference method，LSD 法）进行多重比较，多重比较显著性水平设为 $P<0.01$。采用一般线性模型（General linear model）中的重复测量方差分析（Repeated measures analysis of variance），其中测定的时间设为重复测量项，分析不同氮水平下温室气体通量特征。温室气体通量和环境因子之间的关系采用相关分析和逐步回归，温室气体对土壤温度的敏感性采用 van't Hoff 方程 $y = a\exp(bTs)$，温度敏感性 $Q_{10} = \exp(10b)$。

3 氮沉降对草甸草原土壤呼吸的影响

土壤呼吸是陆地生态系统通过根系呼吸和微生物呼吸向大气排放 CO_2 的过程，是陆地生态系统土壤碳循环中第二大碳通量组分（Davidson et al，2006），也是土壤与大气之间碳交换的主要输出途径（Fang et al，1998）。土壤呼吸速率直接决定着土壤中碳的周转速率，土壤呼吸的微小变化都会对全球碳收支平衡产生重要的影响。据估计，全球每年通过土壤呼吸向大气排放碳的量高达68～100Pg（Raich and Schlesinger，1992；Raich and Potter，1995），在大气 CO_2 循环中占有相当的比重（Raich and Schlesinger，1992；Goulden et al，2001）。因此，研究土壤呼吸对陆地生态系统碳循环研究、探讨全球气候变化及其影响，具有十分重要的科学意义和现实意义。

草地生态系统在陆地生态系统中占有重要地位，然而由于我国北方的草地多为氮素极为缺乏的生态系统，因此土壤中氮素的微小变化可能对土壤呼吸产生较大的影响。在未来几十年内，随着全球性氮沉降的增加以及人为施氮在草地植被恢复中的应用，氮沉降将在更大程度上影响土壤呼吸速率以及土壤碳储量和排放量，所以开展草地生态系统土壤呼吸的动态变化特征及其对外源氮输入的响应，寻找合适的固碳减排措施显得十分必要。

本研究以我国内蒙古草甸草原生态系统为研究对象，研究在不同施氮水平下土壤呼吸的季节动态变化及其对施氮的响应，以及土壤呼吸与水热因子之间的相关关系及驱动因素。

3.1 CO_2通量的日变化特征

研究土壤温室气体日变化特征的目的，一是确定一个较为准确的日变化平均值，以便较为准确地估算年通量值；二是找出不同气体在不同研究时段日变化的基本规律，可以以此对草原温室气体某些时段的观测结果进行矫正，从而得到更为准确且具有代表性的数据；三是认识草地生态系统各主要温室气体的变化规律，评价主要环境因子对温室气体源汇变化的定量影响，深入探讨其影响机理。

2008年生长季每月进行1次土壤CO_2通量的日变化观测，分别为6月11日、7月13日、8月14日、9月14日。气体采样一般从早晨8：00开始，至第二天6：00结束，每隔2h采集一组气体样品。图3.1~图3.4为呼伦贝尔草甸草原CO_2通量的日变化曲线。从图可见，不同的生长发育时期，其日变化形式基本相同，均表现为单峰曲线形式。通量的最高值通常出现在中午12：00—14：00，CO_2的排放通量通常在16：00左右开始迅速降低，夜间始终保持较低的排放值，凌晨4：00左右达到最低值，之后又开始上升。由于8月的观测是雨后进行的，且观测当天天气状况多变，因此CO_2通量的变化曲线比较异常。对比不同的植物生育期内土壤CO_2的日通量强度存在较大的差异，7月的日变幅最大，通量变化为628.3~1 334.5 mg/（m^2·h），变异系数为0.70，为各个发育期的最高值，群落日呼吸量也是各次观测的最高值，较高的群落呼吸量与该时期较高的气温、土壤温度以及土壤水分条件密切相关。

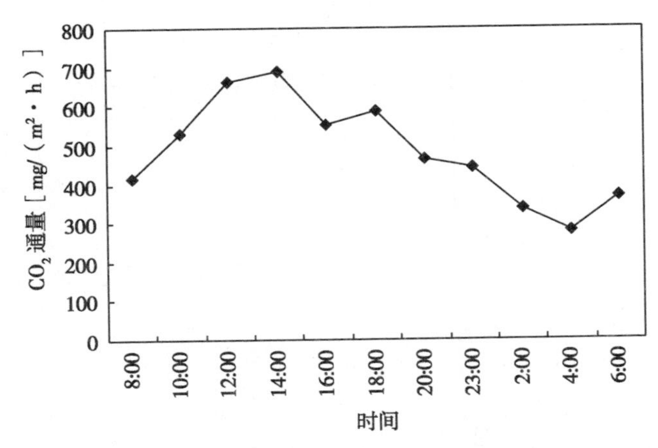

图3.1 2008年6月土壤呼吸通量的日变化特征

处于拔节孕穗期的6月11日观测的日变化幅度也处于较高水平。这是

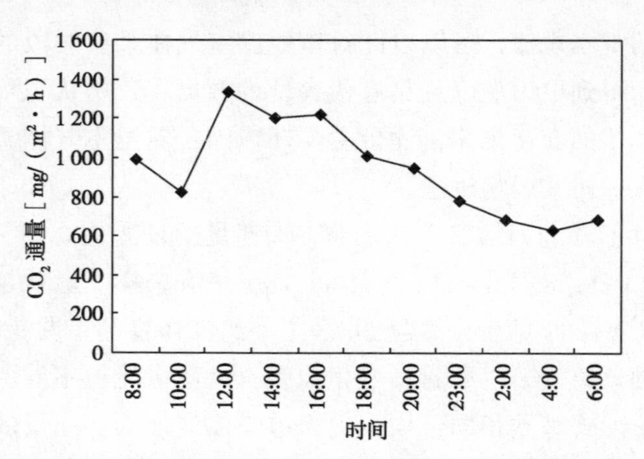

图 3.2 2008 年 7 月土壤呼吸通量的日变化特征

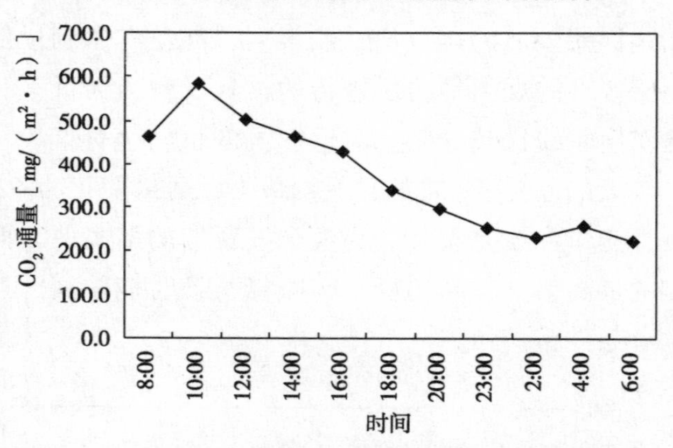

图 3.3 2008 年 8 月土壤呼吸通量的日变化特征

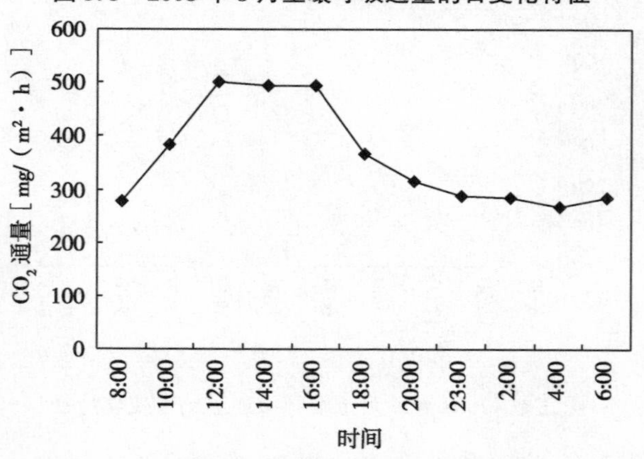

图 3.4 2008 年 9 月土壤呼吸通量的日变化特征

由于处于拔节孕穗期的草原群落植物正处于快速生长阶段，同时由于前一年植物的立枯部分开始逐渐凋落，导致凋落物现存量处于较高的水平，旺盛的植物生长加之较高的凋落物水平，在适宜的温度条件和水分条件下，微生物的活动非常活跃，从而产生较高的 CO_2 排放通量。较低的日变化幅度与该发育期内气温与地温昼夜变化较小密切相关（图 3.5、图 3.6）。

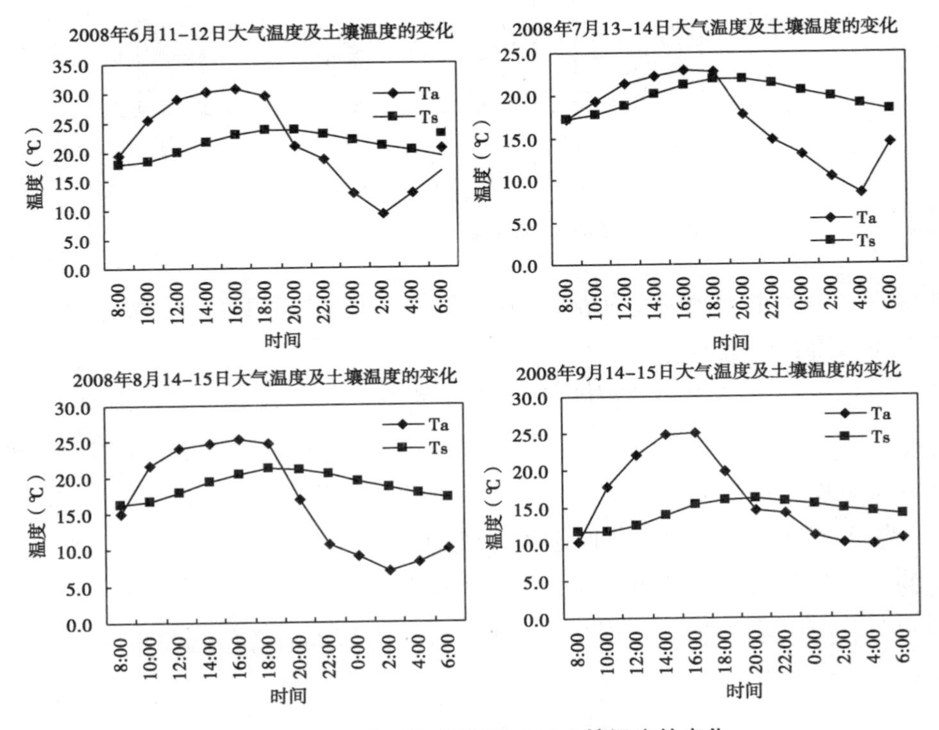

图 3.5　2008 年观测期间气温和土壤温度的变化

处于结实期的观测（2008 年 8 月 14 日）和处于生长季后期（2008 年 9 月 14 日）的观测所得到的日呼吸量均处于较低水平，一是由于在生长季后期，植物的生理代谢活动已经逐渐降低，即将进入立枯期，同时天气逐渐转冷，气温与各层土壤温度也逐渐开始降低，从而导致微生物的活性逐渐减弱，在上述因素的综合作用下，土壤呼吸量处于较低的水平。

图 3.5 为 2008 年观测期间气温和土壤温度的变化情况。观测期间，气温最高值出现在 6 月，达到 30℃左右，这与观测当天的天气情况有关，而在其他月份最高气度只有 25℃左右，相对于气温而言，10cm 的土壤温度变

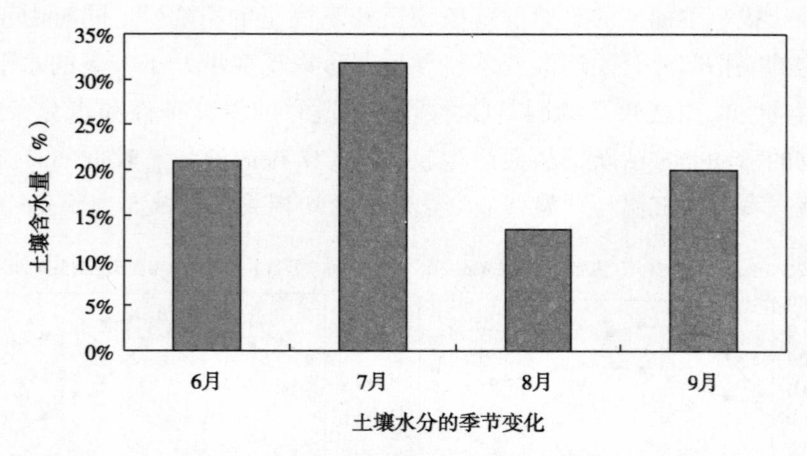

图 3.6　2008 年每个观测月土壤水分的变化

化缓慢，由于土壤比空气有较大的比热，在相同的条件下，土壤温度的上升和下降都比较缓慢。

土壤水分的变化随着降水具有明显的季节变化规律，7 月雨水丰沛，土壤含水量最高，达 33%左右，8 月由于降水稀少，地表蒸发旺盛，土壤含水量最低，不足 15%。

综上所述，影响整个草原土壤呼吸通量的因素是十分复杂的，植物本身的发育状况与生理代谢活动强度、气温与表层土壤温度、天气状况、土壤水分状况以及微生物活动等均在不同程度上影响着呼吸通量的水平、日变化与季节变化。

3.2　CO_2通量的日变化与环境因子之间的相关关系

草地生态系统的呼吸作用主要包括根系呼吸、土壤微生物作用下的有机质分解过程以及凋落物与植被地上部分的呼吸作用等过程。因此，凡是能够影响上述过程的环境因子如植物群落生长状况、水热因子、土壤环境条件等都会对生态系统的呼吸作用产生重要影响。由于在日变化的研究中，植物群落的生长状况以及土壤理化性状在一天内变化很小，而气温与土壤温度变化较大，因此只对变化较大的气温以及各层土壤温度与土壤呼吸通量日变化的相关关系做一简要分析。

分析表3.1可以看出，2008年6—9月的每月日变化观测的土壤呼吸通量均与气温、地表温度达到显著相关或极显著相关的水平；除2008年8月14日外，与5cm地温以及10cm地温相关关系较弱。由此说明，引起土壤呼吸通量日变化的主要因素是气温、地表温度和土壤温度，其对土壤呼吸变化的贡献随土壤深度的增加而递减。

表3.1 土壤呼吸通量与环境因子之间的相关关系分析

观测时间	大气温度	地表温度	5cm 地温	10cm 地温
2008.6.11	0.728**	0.694*	0.425	0.326
2008.7.13	0.735**	0.786**	0.567	0.334
2008.8.14	0.877**	0.858**	0.856**	0.243
2008.9.14	0.716**	0.727**	0.591	0.198

* 代表0.05的显著性水平，** 代表0.01的显著性水平

3.3 CO_2通量的季节变化与环境因子之间的相关关系

土壤呼吸的季节变化采用了连续2年（2008年和2009年）生长季的通量观测数据。图3.7为草甸草原CO_2通量的季节变化动态。如图所示，CO_2通量的最高值出现在每年的7月，最低值出现在5月，6月、8月和9月通量值较低。6月中旬的增加幅度最大，于7月中旬达到最大值，之后又逐渐下降。5月初，随着雪融和土壤冻融，水热条件逐渐好转，植物根系和土壤微生物逐渐恢复了生长和活性，微生物的数量和种类不断增加，地表凋落物层的分解也不断增强，土壤呼吸和群落呼吸均开始上升，7月各水热因子均达到较适宜的水平，植物也进入生长旺盛期，根系生长和土壤微生物活动也随之增强，群落和土壤呼吸通量均达到最高。8月以后，随着气温和地温的逐渐降低，土壤根系和微生物的活动减弱，植物地上部也开始枯萎，土壤呼吸通量迅速下降。

表3.2中列出了土壤呼吸通量与各环境因子之间的相关系数，从表中可以看出，内蒙古草甸草原在植物生长季土壤呼吸通量与0~10cm土壤含

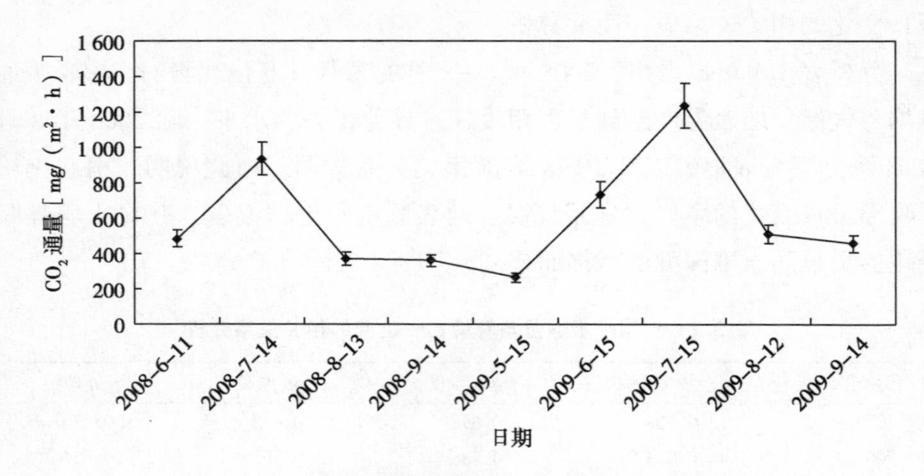

图 3.7 内蒙古草甸草原 CO_2 通量的季节变化

水量或 10~20cm 的土壤含水量呈正相关关系，而与气温以及各层土壤温度相关关系较弱。由此可以看出，在植物的生长季，温度不是制约本区域土壤呼吸的主要环境因子，而土壤水分成为限制呼吸作用的主要环境因子。由于本试验区域处于半干旱半湿润气候带，且在观测年份降雨较少，气候较为干旱，土壤含水量在生长季内处于较低的水平，而在生长季内，观测时平均气温相对较高，一般都在 20℃以上，所以温度不会成为影响土壤呼吸通量大小的主导因素。

表 3.2 土壤呼吸通量与各环境因子之间的相关性

年份	Ta	Ts 0cm	Ts 5cm	Ts 10cm	SWC（%）0~10cm	SWC（%）10~20cm
2008	0.283	0.372	0.457	0.682*	0.702*	0.689*
2009	0.123	0.448	0.510	0.496	0.867**	0.810*

*代表 0.05 的显著性水平，**代表 0.01 的显著性水平

3.4 不同施氮水平对 CO_2 通量的影响

图 3.8 为不同施氮水平下土壤呼吸速率的变化动态，不同的观测月份，土壤呼吸速率均表现出相似的日变化特征。2008 年各月份的观测结果表

明，与对照相比，低氮处理抑制了 CO_2 的排放，而高氮处理促进了 CO_2 的排放，但各个处理之间差异并不显著。2008 年 CO_2 的通量变化范围从 202.9mg/（m^2・h）到 1 548.8mg/（m^2・h）。在 2008 年 6—9 月的观测中，低氮处理的 CO_2 通量分别是对照的 94%（6 月）、93.7%（7 月）、91.3%（8 月）、98.4%（9 月）。高氮处理的 CO_2 通量分别是对照的 1.09.3%（6 月）、110.7%（7 月）、108.3%（8 月）、112.3%（9 月）。

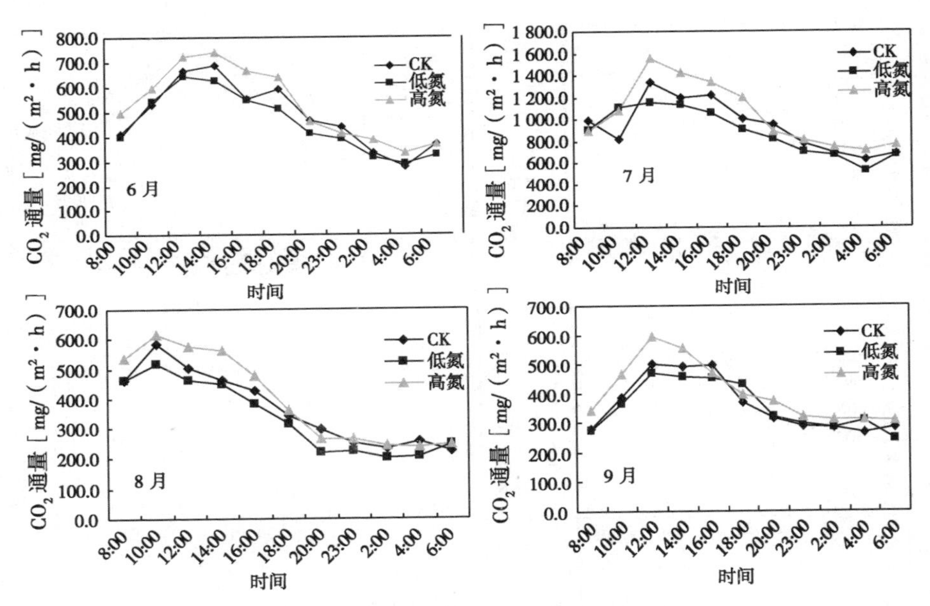

图 3.8　2008 年不同氮水平下 CO_2 通量的变化特征

2009 年的观测结果表明（图 3.9），前期（2009 年 5—7 月）各处理之间的对比关系与 2008 年的结果规律相同，即低氮处理抑制了 CO_2 的排放，高氮处理促进了 CO_2 的排放；后期（8—9 月）则是低氮和高氮均促进了 CO_2 的排放。2009 年 CO_2 的通量变化范围从 169.1mg/（m^2・h）到 1 535.6 mg/（m^2・h）。在 2009 年整个生长季的观测中，低氮处理的 CO_2 通量分别是对照的 91.3%（5 月）、86.6%（6 月）、93%（7 月）、117.3%（8 月）、91.3%（9 月）。高氮处理的 CO_2 通量分别是对照的 117.5%（5 月）、98.6%（6 月）、114.1%（7 月）、119.6%（8 月）、135.6%（9 月）。

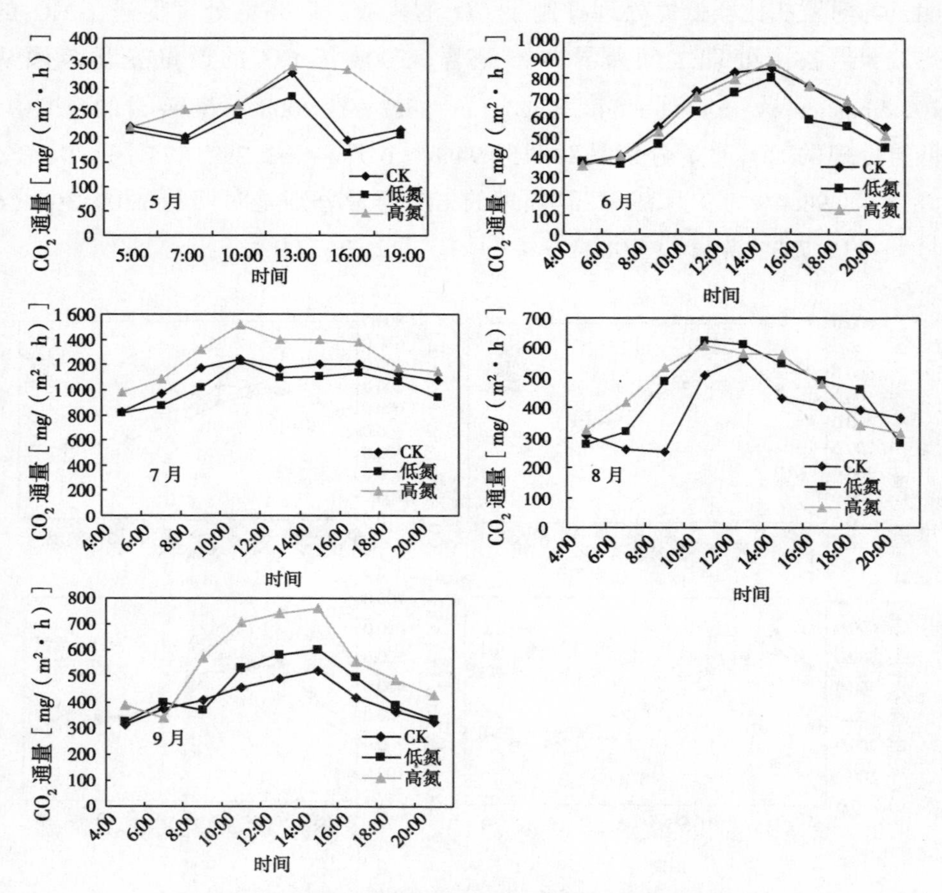

图 3.9　2009 年不同氮水平下 CO_2 通量的变化特征

3.5　氮输入对土壤呼吸、水热敏感性的影响

通过对不同氮水平下土壤呼吸速率与水热因子之间的相关性分析，可以得出，在本研究区水热因子仍然是影响土壤呼吸变化的主要因子。在每月日变化的观测中，土壤呼吸与气温、地表温度、5cm 地温以及 10cm 地温之间表现出一定的正相关关系，尤其是与气温以及地表温度间的相关关系最为显著（$P<0.05$）。在生长季，土壤呼吸与水分的相关关系达到显著水

平，土壤呼吸更多地受到土壤水分而非土壤温度的影响，表现为与各个土壤层次的土壤水分之间达到显著性水平（$P<0.05$）。氮素的输入并未改变土壤呼吸与水热因子之间的关系，水热因子仍是本研究区决定土壤呼吸的主要因素。

为了进一步探讨不同施氮水平下土壤呼吸速率与水热环境因子之间的关系，在整个观测期对土壤呼吸速率和与其相关性最显著的气温、地表温度、5cm 地温以及 0~10cm 土壤水分进行线性方程拟合，得出各处理中土壤呼吸速率与 0~10cm 土壤水分之间的关系均以线性拟合最佳。在线性拟合方程中，斜率 b 可以作为衡量土壤呼吸对水分变化敏感的重要指标，b 值越大，表示土壤呼吸对土壤水分变化的敏感性越强，反之则越弱。从表 3.3 中可以看出，施氮处理中的 b 值大于对照处理中的 b 值，而且高氮处理的 b 值大于低氮处理的 b 值。这说明，施氮一定程度上增加了土壤呼吸对于土壤水分变化的敏感性。造成这种现象的原因可能是由于施氮改变了参与土壤呼吸的不同呼吸组分之间的比例关系，而有研究表明土壤微生物群落呼吸和植物根系呼吸对水分的依赖程度并不一致（Joffre et al，2003）。此外，施氮也会改变碳在地上植物和地下根系之间的分配模式，从而可能改变水分的蒸发和植物的蒸腾模式（Coleman et al，2004），从而使得在不同施肥水平下土壤呼吸对水分的响应有所不同。

表 3.3 土壤呼吸与 0~10cm（W_{10}）土壤水分之间的拟合方程

处理	拟合方程	b	R^2	P
对照	$R_s=12.48W_{10}$	12.48	0.785	0.000
N10	$R_s=15.78\ W_{10}$	15.78	0.677	0.000
N20	$R_s=17.23\ W_{10}$	17.23	0.689	0.000

土壤呼吸的温度敏感性一般用 Q_{10}表示，在土壤呼吸与温度的相关关系研究中，一般认为土壤呼吸速率与温度之间的指数关系是最普遍的，指数模型能够较好地表示多数群落土壤呼吸对温度变化的响应，因此目前研究者大多采用 Van't Hoff 模型来分析土壤呼吸与温度之间的关系。

Van't Hoff 方程的表达式为：$\ln R=a+bT$，即：$R=a \times ebT$

其中，R 为 CO_2的释放速率 mgC（m^{-2} h^{-1}）。a 为土壤呼吸系数，代表温度为0℃时土壤的呼吸量，b 为温度敏感系数，T 为温度。

Van't Hoff 方程用 Q_{10}来表示即：

$$Q_{10}=\left(\frac{R_2}{R_1}\right)^{\frac{10}{T_2-T_1}}$$

R_1和 R_2分别为 T_1和 T_2时的呼吸速率。

从式中我们可以发现，某温度下的 Q_{10}与另外两种温度条件下的呼吸速率和温度值有关，而与此时的温度无关。如果知道某两个温度的呼吸速率，就可以计算方程所适用的特定生态系统下任何温度的 Q_{10}。

为探讨氮沉降对 Q_{10}的影响，采用指数关系式来拟合土壤呼吸通量与各温度指标之间的关系。基于土壤呼吸速率与各温度指标指数关系拟合的相关性检验中，选择相关性较好的气温、地表温度以及 5cm 地温 3 个温度指标来进行对比研究。

应用 Van't Hoff 模型对不同氮水平下的土壤呼吸的 Q_{10}进行了计算（表 3.4），结果发现，在 2 年的观测尺度上，大多数的 Q_{10}值均出现在 1~2.5，不同处理计算得出的 Q_{10}值变化范围不大，说明 2 年的氮沉降试验对 Q_{10}值没有显著影响。研究还发现，采用不同的统计时段，土壤呼吸与水热因子的相关关系会随之发生改变，所以采用不同的统计时段计算的 Q_{10}值存在一定的差异，但不同的处理计算所得的 Q_{10}仍没有显著差异。对于较大的 Q_{10}值，一般出现于温度较低的观测时段。这种现象可以解释为，在本研究区气温较低的冬季，草地土壤呼吸对温度的升高较其他季节更为敏感。

表 3.4　不同氮水平处理土壤呼吸与温度的拟合关系及 Q_{10}值

处理	温度指标	拟合方程	R^2	α	Q_{10}
对照	气温	$R_s=50.009e^{0.0615T}$	0.512	0.004	1.82
	地表温度	$R_s=46.432e^{0.0718T}$	0.428	0.015	2.35
	5cm 地温	$R_s=49.321e^{0.0632T}$	0.476	0.012	2.02

（续表）

处理	温度指标	拟合方程	R^2	α	Q_{10}
N10	气温	$R_s=48.679e^{0.0661T}$	0.455	0.014	2.09
	地表温度	$R_s=47.510e^{0.0695T}$	0.710	0.009	1.93
	5cm 地温	$R_s=46.532e^{0.0734T}$	0.673	0.011	1.98
N20	气温	$R_s=50.421e^{0.0771T}$	0.518	0.0032	1.79
	地表温度	$R_s=46.078e^{0.0689T}$	0.566	0.0013	2.13
	5cm 地温	$R_s=48.716e^{0.0578T}$	0.453	0.0118	2.46

R_s为土壤呼吸，T为对应的温度指标

3.6　讨论与结论

3.6.1　讨论

土壤呼吸作用是一个复杂的生物物理化学过程，是植物根系呼吸、土壤微生物呼吸、土壤动物呼吸等呼吸过程共同作用的产物。土壤理化因子、水热因子共同影响着土壤呼吸速率。外源氮的输入无疑会改变土壤氮状况以及氮循环速率、土壤 pH、生物（微生物、细根、土壤动物等）量等，进而影响土壤呼吸通量。在不同的生态系统中，土壤呼吸对氮素添加的响应亦不同（Lee and Jose，2003；Bowden et al，2004；Jones，2006）。本研究中，不同氮肥施用量对土壤呼吸影响不同，2008 年各月份的观测结果表明，与对照相比，低氮处理抑制了 CO_2的排放，高氮处理促进了 CO_2的排放，但各个处理之间的差异并不显著。2009 年的观测结果表明，前期（2009 年 5—7 月）各处理之间的对比关系与 2008 年的结果相同，即低氮处理抑制了 CO_2的排放，高低处理促进了 CO_2的排放；后期（8—9 月）则是低氮和高氮均促进了 CO_2的排放。由此可见，CO_2通量对施氮的响应在短期内的效果不明显，2 年的累计效应使低氮处理由抑制作用变为促进作用。2008 年生长季高氮处理的土壤呼吸总量增加了 17.2%，低氮处理的土壤呼吸总量减少了 11.1%，各施氮处理土壤呼吸与对照均达到了显著水平。由于施肥种类和施肥水平不同，研究结果不尽一致。有研究结果表明，施氮

在短期内能够促进土壤呼吸，第 1 年施肥土壤呼吸速率有所增加，第 2 年施氮样地的呼吸速率则与对照样地并无显著不同（Bowden，2004）。

不难理解施氮在短期内能够促进土壤呼吸，其原因是一方面，由于一般的自然生态系统都是氮素极其缺乏的生态系统，而我国北方温带草原作为重要的畜牧业生产基地，长期以来由于过度放牧、割草等人类对草地资源的过度利用，大量氮素被转移到生态系统之外，使土壤有效氮素供应严重不足，因此短期内氮素的输入会刺激土壤微生物活性，表现出对土壤 CO_2 排放的促进作用，但随着施肥次数的增加，氮素的这种限制作用逐渐减弱，甚至消失。

另一方面，土壤呼吸作用还可能受碳氮营养源或其他营养源的双向调节作用（Micks et al，2004），土壤中添加氮源在短期内增加土壤呼吸，但土壤呼吸量是否随着氮素添加而继续增加可能取决于土壤中碳素或其他元素的营养状况，如果碳源或其他营养源缺乏将削弱氮素添加对于土壤呼吸的促进作用，在碳等营养源较充足的条件下，土壤呼吸通量对于氮素添加可能继续表现为正响应；而在有机质含量较少或者碳素供应不足的土壤中，氮素对土壤呼吸的促进作用则可能很弱或促进作用不明显。

相关研究还发现，施氮水平与土壤呼吸通量之间存在着显著的边际效应。当施氮量超过中氮水平后，施氮并不会继续增加土壤 CO_2 的排放，最高排放量出现在中氮水平而非高氮水平。土壤呼吸并非随着氮肥施入量的增加而增加，而是存在一个极限值。造成这种现象的原因主要是由于氮肥施用太多会抑制微生物活性。当土壤中含有大量的氮素时，它将对土壤微生物的活性和碳素矿化产生一定的负面效应（Michel and Matzner，2002）。其他研究也证实，添加大量氮源后，土壤微生物活性显著降低（Nilson and Wiklund，1995；Thirukkumaran and Parkinson，2000）。

本研究没有对不同类型氮肥对土壤呼吸的影响作用进行比较研究。但其他相关研究发现，铵态氮的抑制作用或促进作用效果要大于硝态氮，并且不同的铵盐或硝酸盐对土壤呼吸的影响也显著不同。

另外，从土壤呼吸与水热环境因子之间的相关关系以及两者之间建立的逐步回归方程可以看出，无论施氮与否，水热因子仍然是本区域影响土壤呼吸的主要因子，土壤温度和土壤水分能够解释土壤呼吸变异的50%以上。同时，通过对土壤呼吸与水分因子以及土壤呼吸与温度之间在2年的观测期内进行单独的方程拟合，发现施氮增强了土壤呼吸对土壤水分变化的敏感性，但是施氮没有显著改变土壤呼吸对温度变化的敏感性。另外不同的统计时段，土壤呼吸与水热因子之间的相关系数相差很大，因此，此结论的广泛性还需要长期观测加以验证。

3.6.2 结论

（1）本研究中，氮肥的施入不会引起土壤CO_2通量的日变化和季节变化模式的改变，施氮后能够改变土壤呼吸通量大小。

（2）在N10的施氮水平下，第1年施氮对CO_2的排放有一定的抑制作用，第2年逐渐由抑制作用转变为促进作用；在N20的施氮水平下，施氮对CO_2的排放有一定的促进作用。

（3）在两年的观测期内，土壤CO_2通量与土壤水分和温度因子之间均呈现出显著的正相关关系，尤其是与气温、地表温度、0~10cm土壤水分之间的相关性最为显著。施氮能够增加土壤呼吸对土壤水分响应的敏感性，但没有显著改变土壤呼吸对温度变化的敏感性。

4 氮沉降对草甸草原土壤 N_2O 排放的影响

氧化亚氮（N_2O）是重要的温室气体之一，其百年增温潜势为 CO_2 的 296 倍，此外，N_2O 在大气中滞留时间较长（平均寿命约为 120 年）（IPCC，2001），同时还参与大气中许多光化学反应，破坏大气臭氧层（Delgado and Mosier，1999）。已有研究表明，由于近年来人类活动增加，大气中 N_2O 的浓度正在以 0.2%~0.3%的速率不断增加（Leuenberger and Siegenthaler，1992；Anderson and Levino，1986），到 2001 年大气中 N_2O 的浓度已经达到 314ppbv（IPCC，2001），目前大气中 N_2O 的浓度是过去 1 000年以来的最大值，并且仍在持续增加（IPCC，2001），预计到 2050 年大气中 N_2O的浓度将达到 350~400ppbv（Rodhe，1990）。其中土壤是全球最重要的排放源，贡献率高达 70%（Bouwman，1990；Conrad，1996）。土壤 N_2O 主要来源于土壤的硝化作用和反硝化作用，这两种作用受多种因素的影响和制约，其中氮肥是最重要的因素之一。氮肥用量和氮肥种类均会通过影响土壤硝化和反硝化作用的反应底物，从而影响土壤 N_2O 的产生与排放。目前国际上对于草地生态系统土壤 N_2O 通量的研究多集中于北美、欧洲以及新西兰等地区的施肥草地（Allen et al，1996；Mosier et al，1996；Velthof et al，1998；Williams et al，1998；Verchot et al，1999；Rudaz et al，1999），而我国对土壤 N_2O 源汇的研究也较多集中在施肥对农田生态系统 N_2O 排放影响的研究方面，而对占我国陆地面积 40%以上、是耕地面积 4 倍、森林面积 3.6 倍的草地生态系统来说，N_2O 通量的研究相对较少。因此，加强氮输入对草地土壤 N_2O 排放影响的研究，有利于揭示在未来全球氮沉降增加的背景下，草地土壤 N_2O 排放的变化规律及其增加潜力，从而有利于寻找 N_2O 的减排措施。本研究通过添加不同氮肥水平来研究土壤 N_2O 排放的季节变化和通量强度，以及关键的驱动因素，为正确评价氮沉降对我国草地生态系统在全球气候变化中的贡献提供一定的基础数据。

4.1 土壤 N_2O 通量的日变化与环境因子之间的相关关系

土壤 N_2O 通量的日变化数据采用的是 2008 年 6—9 月共 4 次观测的通量数据。图 4.1～图 4.4 分别是不同采样时间土壤 N_2O 通量的日变化曲线。如图 4.1～图 4.4 所示，各个时期土壤 N_2O 通量大致表现出相同的日变化规

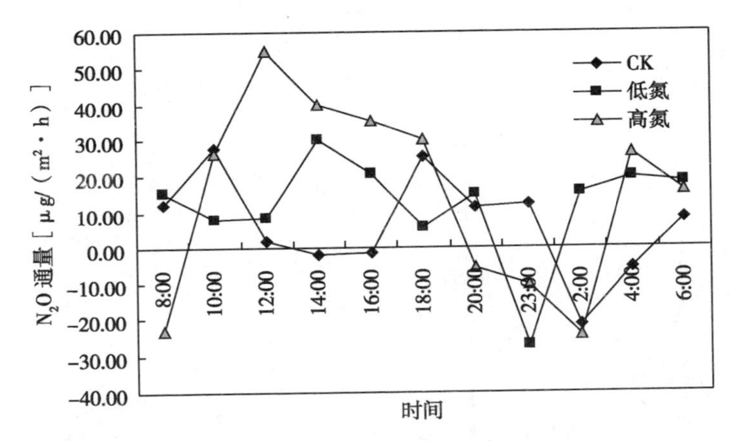

图 4.1 2008 年 6 月 N_2O 通量的日变化特征

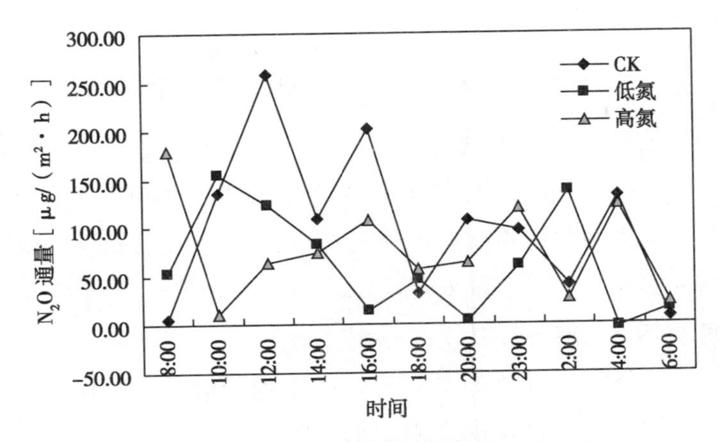

图 4.2 2008 年 7 月 N_2O 通量的日变化特征

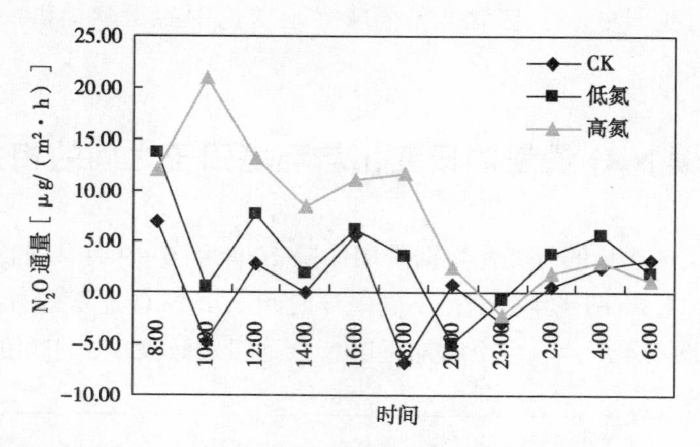

图 4.3 2008 年 8 月 N_2O 通量的日变化特征

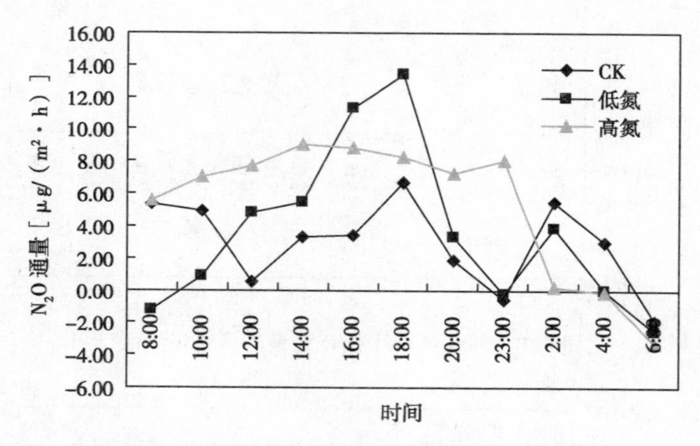

图 4.4 2008 年 9 月 N_2O 通量的日变化特征

律。N_2O 的排放高峰一般出现在 11：00—14：00，排放低谷一般出现在夜间23：00—2：00。分析原因可能主要与气温以及地表温度的日变化规律密切相关。从表 4.1 中可以看出，N_2O 通量与气温、各层土壤温度均表现出一定的正相关关系，而且有随着土壤深度的增加相关性递减的趋势。气温、地表温度以及各层土壤温度基本能够解释 N_2O 通量变异的 60%左右。由于温度对 N_2O 通量的控制主要是通过影响微生物的活动、植物的生理代谢以及土壤动物活动的昼夜变化等来实现的，因此，白天较高的气温与表层地温条件将会促进植物、土壤动物以及微生物代谢和活性的加强，从而促进

N_2O 的产生和排放，而夜间逐渐降低的温度条件则会抑制 N_2O 的产生和排放，由此形成了昼高夜低的排放规律。从温度条件与通量变化之间的相关系数可以看出，9 月稍差于其他月份，这可能是由于此时植物即将进入立枯期，微生物的活性已经开始降低并逐渐进入休眠状态，温度条件也始终处于较低水平，从而导致温度对 N_2O 产生，排放的调节作用也大大降低。

表 4.1 N_2O 日通量与环境因子之间的相关关系分析

观测时间	Ta	Ts 0cm	Ts 5cm	Ts 10cm
2008. 6. 11	0. 534	0. 609 *	0. 396	0. 561
2008. 7. 13	0. 679 *	0. 718 *	0. 658 *	0. 621 *
2008. 8. 14	0. 591 *	0. 549	0. 592 *	0. 488
2008. 9. 14	0. 516	0. 584	0. 487	0. 573

* 代表 0. 05 的显著性水平，** 代表 0. 01 的显著性水平

4.2 土壤 N_2O 通量的季节变化与环境因子之间的相关关系

土壤 N_2O 通量的季节变化采用了连续 2 年（2008 年和 2009 年）生长季的通量观测数据。图 4.5 为草甸草原 N_2O 通量的季节变化特征。如图 4.5 所示，在 2 年内，土壤 N_2O 通量的季节变化表现为 5 月较低，之后逐渐升高，到 7 月达到最高值，8 月最低，9 月又逐渐升高。由于观测时间只选择了生长季，生长季内气温相对较高，不同氮水平处理 N_2O 通量均为正值，尽管在日变化的观测中个别通量为负值，但从整个观测期来看，草地仍然是 N_2O 的排放源。2 年中 7 月 N_2O 通量均处于较高的水平，主要是由于这期间土壤养分、水热条件、地下生物量等各种重要的影响因子都达到了一个较适宜的水平，植物也进入了生长旺盛期，有利于硝化或反硝化作用过程中 N_2O 的产生与排放。另外 7 月降雨频繁，很容易在表层土壤中形成厌氧微区，有利用反硝化作用的发生，而 7 月气温最高，地表蒸发旺盛，所以表层土壤容易形成频繁的干湿交替现象，使硝化作用和反硝化作用交替发生，同时干湿交替还在一定程度上抑制了反硝化产物的深度还原，从而使中间产物 N_2O 的排放量增加，所以 N_2O 通量较高。而 8 月持续干旱，

10cm 土壤含水量不足 10%，较低的土壤水分不利于硝化作用和反硝化作用的进行，所以 N_2O 通量较低。非常遗憾的是，没有监测到春季土壤 N_2O 暴发排放的现象，并且在 2009 年 5 月，土壤 N_2O 排放量很低，最高值只有 2.837μg/（m^2·h），可能是由于前一年冬季没有较大的降雪过程，或由于风大降雪不易保留，所以翌年春季土壤水分的可利用性较低，土壤的微生物的复苏和生理代谢受到一定的限制。

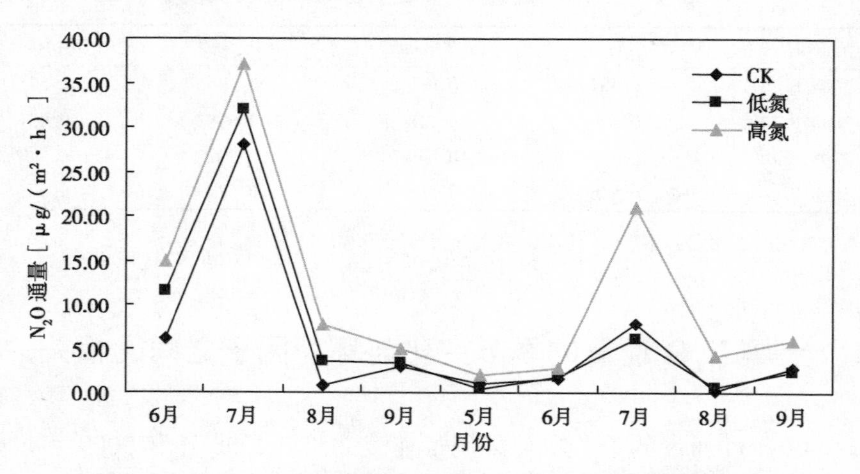

图 4.5　2008—2009 年 2 年生长季 N_2O 通量的季节变化特征

由于土壤 N_2O 的产生和排放过程是土壤硝化和反硝化过程的综合体现，而土壤硝化和反硝化作用受土壤水分、温度、土壤质地、土壤 pH、土壤孔隙度等多个环境因素的综合作用（郑循华等，1997；李勇先，2003；曾江海等，1995；林存刚，2006），因此单一因子对其作用效果很有可能被其他因子的作用效果所掩盖。但在一定的地域条件下，通常土壤温度和土壤含水量是 N_2O 产生和排放的主要因子。表 4.2 是根据 2 年的野外观测数据得出的土壤 N_2O 通量与水热因子之间的相关关系。从表 4.2 中可以看出，N_2O通量与气温以及各层土壤温度的相关关系不显著，而与表层土壤含水量表现出显著相关关系，这与该区域的干旱气候密切相关。这说明，在温度条件相对适宜的生长季，温度不再成为硝化和反硝化作用的限制因子，土壤水分成为限制 N_2O 产生的主要因子。

表 4.2　N_2O 季节通量与各环境因子之间的相关关系分析

年份	处理	Ta	Ts 0cm	Ts 5cm	Ts 10cm	SWC（%）0~10cm	SWC（%）10~20cm
2008	CK	0.438	0.356	0.432	0.218	0.603*	0.145
	N10	0.332	0.416	0.257	0.315	0.716*	0.326
	N20	0.369	0.389	0.278	0.327	0.743*	0.297
2009	CK	0.209	0.198	0.351	0.119	0.561	-0.196
	N10	0.314	0.330	0.254	0.217	0.624*	0.218
	N20	0.660*	0.619*	0.593	0.332	0.708*	0.308

*代表 0.05 的显著性水平，**代表 0.01 的显著性水平

土壤的硝化作用和反硝化作用的发生各自有其适宜的水分范围。多数研究认为（Davidson，1992；Gu et al，2009），当土壤水分含量充水孔隙度（Water-Filled Pore Space，WFPS）为 30%～70%，适宜土壤硝化作用的发生，而当 WFPS 高于 60%时，则更适宜于土壤反硝化作用的发生。在土壤干湿交替的状况下，局部厌氧微区和好气状态的并存可能既有利于硝化作用又有利于反硝化作用的同时进行，进而促进土壤 N_2O 的生成与排放（Carrasco et al，2004；Venterink et al，2002）。在本试验中，由于气候较为干旱，土壤经常处于水分含量较低的状况下（WFPS<40%），大部分采样日期的土壤 WFPS 低于 30%，所以硝化作用过程产生 N_2O 的作用更为明显，N_2O 的最高值出现在土壤 WFPS 为 25%～30%的条件下。然而，夏季短暂的降雨造成的土壤干湿交替对于土壤 N_2O 的激发作用亦十分明显，在此期间，不排除土壤反硝化作用与硝化作用共同产生 N_2O，从而引起 N_2O 排放峰值的出现。

温度对土壤微生物活性有重要的影响，对于适合于硝化和反硝化作用的土壤温度而言亦有各自的适宜温度范围。硝化作用的最适范围为 25～35℃，小于 5℃或大于 40℃都能抑制硝化作用的发生。反硝化作用所要求的适宜温度为 5～75℃，最适范围为 30～67℃（郑循华等，1997）。也有研究认为，硝化作用和反硝化作用最适宜的温度范围均在 25～35℃（Lin，1997），如果不存在其他条件的限制，在一定的温度范围内，土壤 N_2O 的生成和排放随温度上升而增强。当然，硫酸铵处理中 N_2O 的生成与排放更多的与土壤 NH_4^+ 的硝化作用有关，由于本试验区水分和温度条件比较适宜

硝化作用的进行，因此在 NH_4^+ 底物浓度较高的背景下，有利于 N_2O 的生成与排放，在适宜的范围内，表现为硫酸铵处理土壤 N_2O 与水分和温度之间的关系更为显著。

4.3 不同施氮水平对 N_2O 通量的影响

从2008年观测的结果（图4.1~图4.4）可以看出，低氮和高氮处理在一定程度上均能增加 N_2O 的排放通量，但不同月份统计，差异显著性不同。在6月的观测中，白天的 N_2O 通量，高氮处理大于低氮处理，低氮处理大于CK处理，而夜间通量没有一定的规律性，甚至出现了负通量的现象。通量的最大值出现在高氮处理的12：00，为55μg/（m^2·h），最低值出现在低氮处理的23：00，为27.4μg/（m^2·h），平均通量为CK处理6.1μg/（m^2·h），低氮处理11.7μg/（m^2·h），高氮处理15.0μg/（m^2·h）。随着7月气温升高和降水显著增加，N_2O 通量明显增大，最大值出现在CK处理的12：00，为257.2μg/（m^2·h），最低值出现在黎明4：00，通量数值接近0μg/（m^2·h），基本没有出现负通量的现象。但3个处理之间 N_2O 通量没有显著差异。随着施肥次数的增加，8月各处理之间表现出明显的差异，高氮处理的 N_2O 通量显著大于低氮处理，低氮处理的显著大于CK处理，特别是在白天表现得尤为明显。9月除了低氮处理中16：00和18：00两次观测值偏高外，也基本与8月规律一致。从2009年的观测结果发现（图4.6~图4.10），高氮处理的 N_2O 通量明显高于低氮和CK处理，而低氮和CK处理之间差异不显著。

4.4 土壤 N_2O 的累积排放量及排放系数的计算

N_2O 的排放系数即 N_2O 排放量与施肥量之间的比例关系。大量研究表明，N_2O 排放量与施肥量存在显著相关关系（Bouwman，1996；Eichner，1990），这对于提高 N_2O 排放的估算精度有着十分重要的意义。目前，N_2O 排放系数已广泛应用于模型的估算以及区域或全球农田 N_2O 排放的清单编

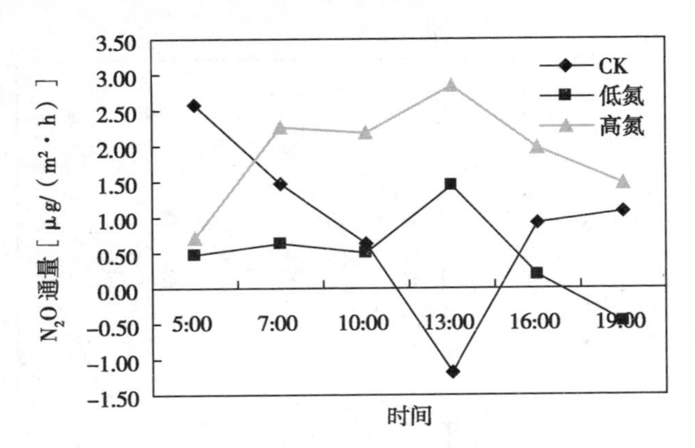

图 4.6　2009 年 5 月 N_2O 通量的日变化特征

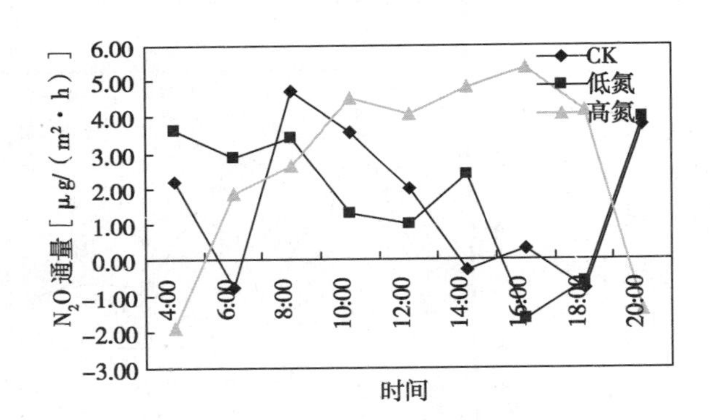

图 4.7　2009 年 6 月 N_2O 通量的日变化特征

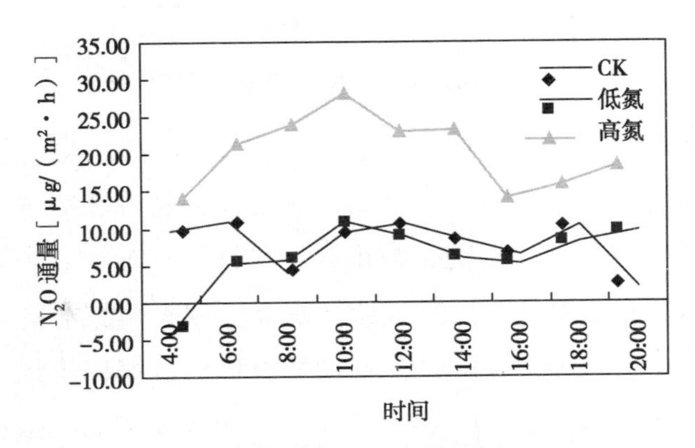

图 4.8　2009 年 7 月 N_2O 通量的日变化特征

制中。其中，IPCC 已正式将 N_2O 系数 0.012 5推荐用于编制国家排放清单

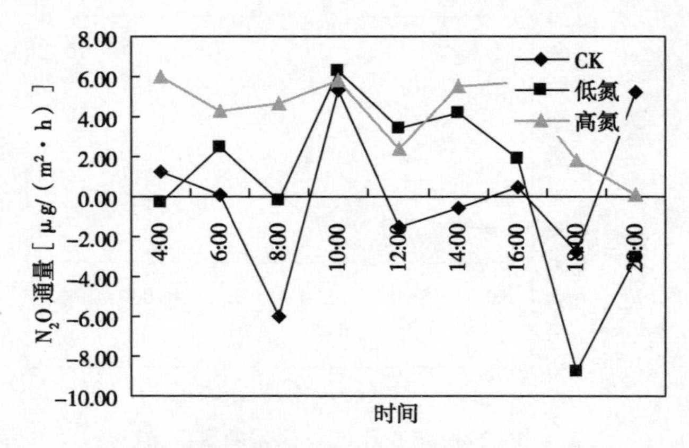

图 4.9　2009 年 8 月 N_2O 通量的日变化特征

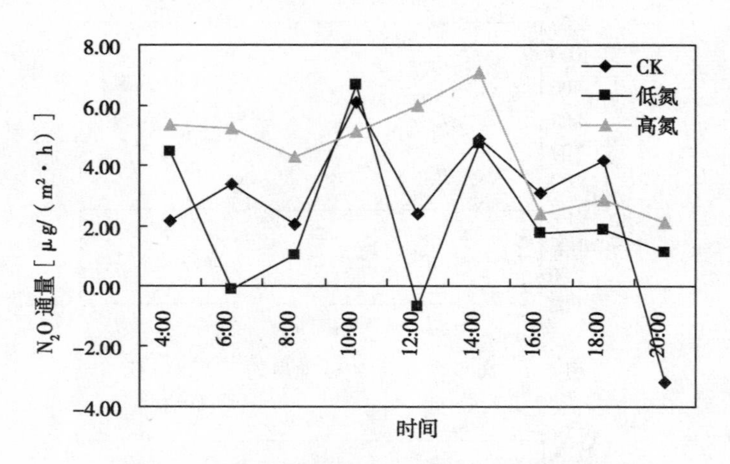

图 4.10　2009 年 9 月 N_2O 通量的日变化特征

的缺省值（IPCC，1997）。虽然上述系数得到了广泛应用，但不同区域土壤 N_2O 排放系数实际上存在着极大的不确定性，这对准确估算区域乃至全球 N_2O 排放带来了困难。因此，减小排放系数的不确定性对于提高 N_2O 排放清单的精度具有重要意义。通过计算研究区域不同氮水平下的土壤 N_2O 排放系数，试图为精确估计土壤 N_2O 的排放提供数据积累并确定合理的外源氮输入量阈值。本研究采用 2009 年植物生长季观测的数据，对不同月份 N_2O 的通量进行计算，得出每月土壤 N_2O-N 的累积通量值，结合不同的施氮水平，进行回归分析，得到 N_2O-N 通量与施肥量之间的一元线性回归方程，计算得出土壤 N_2O 的排放系数。计算结果如表 4.3 所示，从表 4.3 中可以看出，施氮处理下土壤 N_2O 排放系数的变化范围为 0.008 7%~0.088 8%，由于不同月份的水热因子等环境因素不同，所以不同时间计算结果存在很大差异，对比不同施氮水平下 N_2O 的排放系数，高氮处理大于低氮处理。

表 4.3 不同氮肥水平土壤 N_2O 的累积排放量及排放系数

月份（月）	CK		低氮		高氮	
	累积排放量（μg/m²）	排放系（%）	累积排放量（μg/m²）	排放系数（%）	累积排放量（μg/m²）	排放系数（%）
5	660.24	—	334.80	—	1 370.16	0.0112
6	1 171.44	—	1 307.52	0.008 7	1 928.16	0.0241
7	5 698.08	—	4 433.76	—	15 159.60	0.0301
8	118.08	—	490.32	0.023 7	2 909.52	0.0888
9	2 005.92	—	1 671.84	—	4 244.40	0.0712

4.5 讨论与结论

2 年的研究结果表明，温带草甸草原是大气 N_2O 的排放源。平均的土壤 N_2O 通量为 5.68μg/（m^2 · h），与在内蒙古典型草原的研究结果 4.92μg/（m^2 · h）和 5.41μg/（m^2 · h）相似（Peng et al，2010；Liu et al，2010），但远高于青藏高原高寒草甸的研究结果（0.7±0.5）μg N_2O/（m^2 · h）（Jiang et al，2010）和 2.05~5.65μg N_2O /（m^2 · h）（Wei et al，2012）。

综合 2 年的平均结果，高氮和低氮处理分别增加了 21.0% 和 98.2%，增加幅度比在高寒草甸草原的研究结果要高得多（Jiang et al，2010）。这说明，温带草甸草原 N_2O 排放对氮素的添加响应极为敏感。

氮素的添加并没有显著影响土壤温度和土壤水分含量的变化，但是土壤温度与 N_2O 通量的相关系数增加了，基于逐步回归方程可以看出，由于氮素的添加，土壤温度和土壤水分与 N_2O 通量的相关性逐渐增加，而氮素的添加并没有改变土壤温度和土壤水分的变化，所以由于氮素添加引起的

N_2O 通量的变化可能是由于土壤 NH_4^+浓度的变化。

N_2O 的排放高峰出现在高温多雨的 7 月，高温高湿的条件有利于土壤硝化和反硝化活动，而且降雨事件频繁，能够刺激土壤氮素的矿化作用和反硝化速率（Zhang et al，2009）。土壤水分变化剧烈，干湿交替较为明显，所以土壤的硝化和反硝化作用频繁交替发生。反硝化过程中土壤中 O_2浓度急剧减少能够产生大量的 N_2O（Liu et al，2010；Luo et al，2013）。而且，干湿交替能够抑制 N_2O 向 N_2的深度还原，从而产生更多的 N_2O。因此，降雨之后能够产生更多的 N_2O（Muhr et al，2008；Filippa et al，2009）。

2008 年 7 月，氮素添加显著抑制了 N_2O 的排放，主要原因是雨后土壤含水量较高，超过了 80%。以往研究表明，当土壤含水量超过 60%，反硝化速率显著增加（Davidson，1992；Bouwman，1998）。土壤水分含量较高的条件下，N_2O 会通过反硝化作用产生，然后由于氮素的添加直接增加了土壤 NH_4^+的含量，从而又抑制通过反硝化作用而产生 N_2O（Min et al，2011）。因此，在高温多雨的 7 月，氮沉降试验中温室气体的观测频率应该增加。

在整个观测周期中，N_2O 排放通量偶尔会出现负值，这种现象在其他研究中有过多次报道（Kellman and Kavanaugh，2008；Vieten et al，2008；Liu et al，2010）。本研究中，造成这种现象的原因可能是由于硝态氮底物的缺失，反硝化细菌可能利用大气 N_2O 作为电子受体（Rosenkranz et al，2006；Majeed et al，2012；Luo et al，2013）。另外一种解释为在土壤矿质氮含量较低而土壤水分较高的条件下，能够吸收大气中的 N_2O（Chapuis-Lardy et al，2007；Vieten et al，2008；Wu et al，2013）。然而这种吸收机理需要进一步研究，本章主要结论如下。

（1）不同观测月份，土壤 N_2O 通量大致表现出相同的日变化规律。N_2O的排放高峰一般出现在 11：00—14：00，排放低谷一般出现在夜间 23：00—2：00。N_2O 的日通量与气温、各层土壤温度均表现出一定的正相关关系，而且有随着土壤深度的增加相关性递减的趋势。N_2O 季节通量与气温以及各层土壤温度的相关关系不显著，与土壤含水量相关关系显著。

（2）施氮能够增加 N_2O 的排放通量。2008 年观测的结果表明，低氮和高氮处理在一定程度上均能增加 N_2O 的排放通量，但不同月份统计，差异显著性不同。2009 年的观测结果表明，高氮处理的 N_2O 通量明显高于低氮和 CK 处理，而低氮和 CK 处理之间差异不显著。土壤 N_2O 通量主要驱动因素为土壤温度，其次为土壤水分，土壤无机氮含量对土壤 N_2O 排放起到一定的调节作用。

5 氮沉降对草甸草原土壤 CH_4 吸收的影响

CH_4是地球大气中第二大温室气体，百年时间尺度上单分子 CH_4的增温潜势是 CO_2的 23 倍，对全球变暖贡献约占 20%（Houghton et al，2001）。过去 200 年来，人类活动导致大气 CH_4浓度增加了 1.48 倍，目前仍以每年 0.9%的速度增加（IPCC，2007）。大气 CH_4浓度的变化取决于陆地 CH_4排放与吸收之间的平衡，大气 CH_4浓度的持续升高是 CH_4排放源增加或吸收汇减小的结果（Curry，2007；Cai et al，2009）。据估计，全球大气 CH_4源为（525±125）Tg CH_4/年，海洋、湿地和白蚁等自然排放占 30%~50%（Le Mer and Roger，2001；Dutaur and Verchot，2007）。每年全球大气 CH_4汇为（560±100）Tg，在对流层中与羟基自由基氧化反应消耗占 84%，向平流层传输占 7%，在通气条件下被土壤甲烷氧化菌氧化消耗占 9%（Le Mer and Roger，2001；Dutaur and Verchot，2007）。由此可见，水分非饱和的自然土壤在大气 CH_4源汇平衡中的作用举足轻重，平均每年吸收 CH_4（36±23）Tg。然而，全球变化如土地利用（Saggar et al，2008）、温度升高（Lafleur and Humphreys，2008）、降水变化（Davidson et al，2004；2008）、CO_2浓度升高（McLain et al，2002）和大气氮沉降增加（Ambus and Robertson，2006；Zhang et al，2008）短期内均可迅速改变森林土壤 CH_4的吸收速率，扰动后的土壤若要恢复到扰动前的 CH_4吸收水平往往需要更长的时间（Menyailo et al，2008）。因此，草地土壤 CH_4吸收的剧烈变化可能导致大气中 CH_4浓度的不稳定，从而改变全球 CH_4收支估算中源汇近似平衡的状态。

5.1 土壤 CH_4通量的日变化与环境因子之间的相关关系

土壤 CH_4通量的日变化数据采用的是 2008 年 6—9 月共 4 次观测的通

量数据。图 5. 1~图 5. 4 分别是不同采样时间土壤 CH_4 通量的日变化曲线。从图 5. 1~图 5. 4 可以看出，各个时期土壤 CH_4 通量大致表现出相同的日变化规律。6—9 月，高氮处理的 CH_4 吸收通量比 CK 处理减少了 8%、23%、38. 1%和 0%。CH_4 日通量变化与大气温度和各层土壤温度之间没有显著的相关关系（表 5. 1），但是 CH_4 吸收通量与氮素添加速率之间存在一定的相关关系。

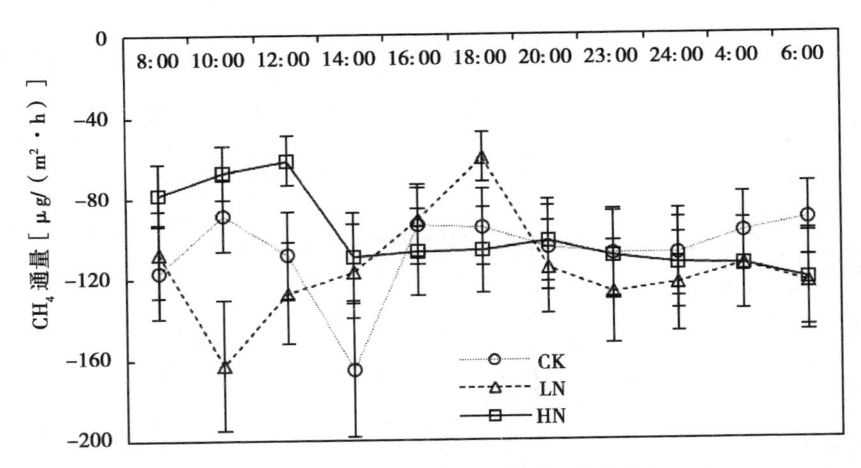

图 5. 1　2008 年 6 月 CH_4 通量的日变化特征

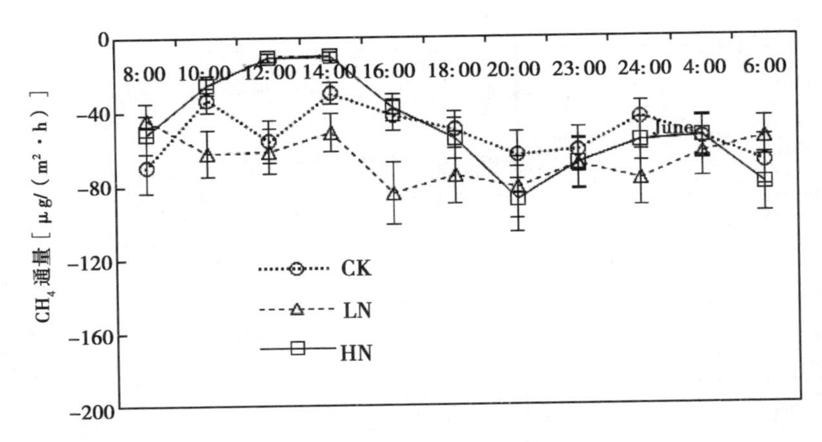

图 5. 2　2008 年 7 月 CH_4 通量的日变化特征

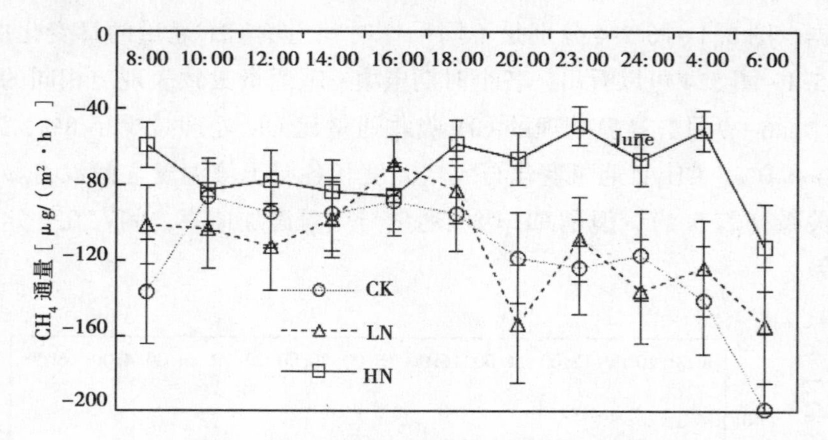

图 5.3 2008 年 8 月 CH_4通量的日变化特征

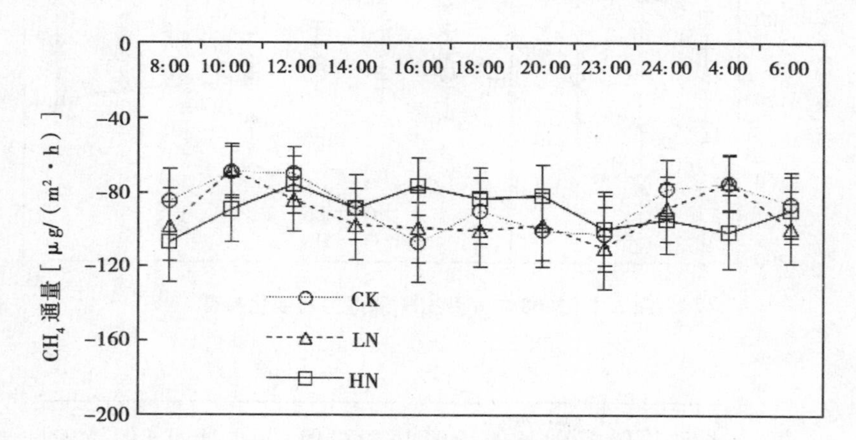

图 5.4 2008 年 9 月 CH_4通量的日变化特征

表 5.1 CH_4日通量与环境因子之间的相关关系分析

观测时间	Ta	Ts 0cm	Ts 5cm	Ts 10cm
2008. 6. 11	0. 426	0. 372	0. 402	0. 354
2008. 7. 13	0. 342	0. 411	0. 245	0. 412
2008. 8. 14	0. 368	0. 383	0. 256	0. 208
2008. 9. 14	0. 333	0. 343	0. 282	0. 311

* 代表 0. 05 的显著性水平，** 代表 0. 01 的显著性水平

5.2 土壤 CH_4 通量的季节变化与环境因子之间的相关关系

如图 5.5 所示，2008 年和 2009 年 2 个生长季 CH_4 的通量均为负值，温带草甸草原是大气 CH_4 的吸收汇。CH_4 通量表现出明显的季节变化特征，最大吸收峰出现在每年的 9 月，高氮处理显著抑制了大气 CH_4 的吸收，而低氮处理的 CH_4 通量与 CK 处理之间没有显著差异。2 个生长季期间，CK 处理、低氮处理和高氮处理的 CH_4 平均吸收通量为 107.0μg CH_4/（m^2·h）、108.0μg CH_4/（m^2·h）和 85.5μg CH_4/（m^2·h）。2008 年，高氮处理的 CH_4 吸收通量减少了 14.7%，2009 年，高氮处理的 CH_4 吸收通量减少了 25.4%，2 年平均减少 20.1%。从表 5.2 可以看出，CH_4 吸收通量与大气温度和各层土壤温度没有相关关系，与各层土壤含水量呈正相关关系，而且采样日期和氮素添加速率之间存在显著的交互作用。

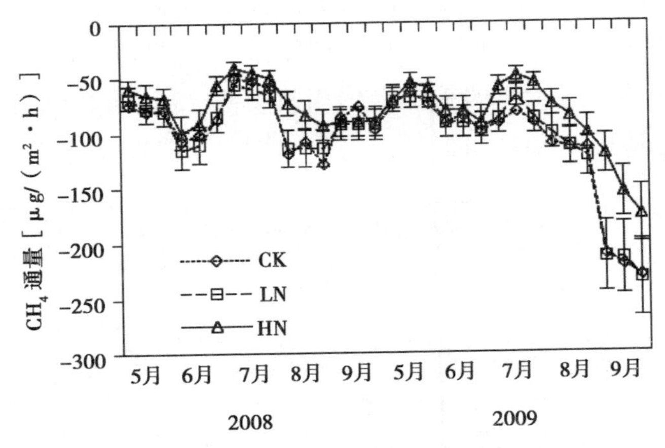

图 5.5　2008 年和 2009 年 CH_4 通量的季节变化特征

表 5.2　CH_4 季节通量与环境因子之间的相关关系分析

年份	处理	Ta	Ts 0cm	Ts 5cm	Ts 10cm	SWC（%）0~10cm	SWC（%）10~20cm
2008	CK	0.418	0.316	0.431	0.355	0.587*	0.575*
	N10	0.342	0.418	0.256	0.421	0.596*	0.609*
	N20	0.388	0.387	0.276	0.290	0.569*	0.578*

（续表）

年份	处理	Ta	Ts 0cm	Ts 5cm	Ts 10cm	SWC（%）0~10cm	SWC（%）10~20cm
	CK	0.438	0.356	0.432	0.361	0.533	0.609*
2009	N10	0.332	0.416	0.257	0.420	0.678*	0.738*
	N20	0.369	0.389	0.278	0.298	0.594*	0.555

*代表 0.05 的显著性水平，** 代表 0.01 的显著性水平

5.3 不同施氮水平对 CH_4 通量的影响

不同施氮水平对 CH_4 通量的影响采用的是 2009 年 6—9 月共 4 次观测的通量数据。图 5.6~图 5.9 分别是白天 4：00—20：00 土壤 CH_4 通量的变化曲线。从图 5.6~图 5.9 可以看出，6 月和 7 月的土壤 CH_4 通量表现出相同的变化规律，9 月的吸收通量最低。CH_4 通量变化与大气温度和各层土壤温度之间没有显著的相关关系。6—9 月，高氮处理显著抑制了大气 CH_4 的吸收，而低氮处理的 CH_4 通量与 CK 处理之间没有显著差异。但是 CH_4 吸收通量与氮素添加速率之间没有显著的相关关系。基于 CH_4 吸收通量和各个环境因子之间的回归方程可以看出（表 5.3），CH_4 吸收通量与土壤含水量

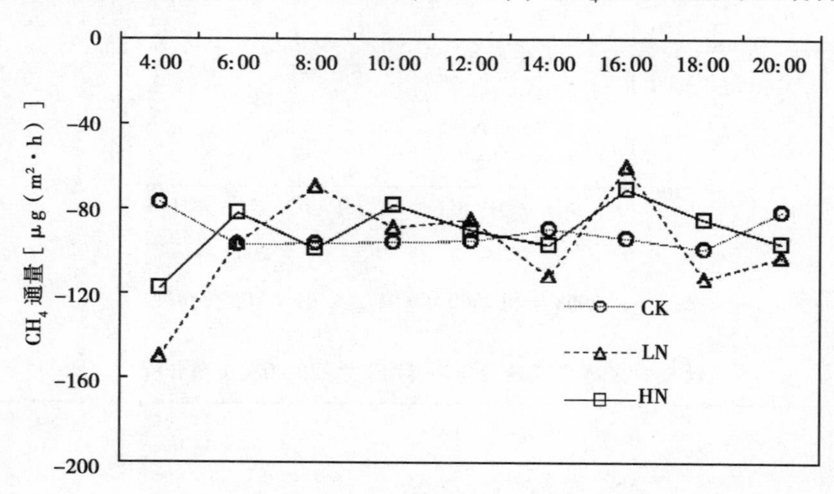

图 5.6　2009 年 6 月 CH_4 通量的变化特征

和土壤 NO_3^- 浓度之间呈负相关关系，与土壤 NH_4^+ 浓度呈显著的正相关关系，而与土壤温度没有相关性。

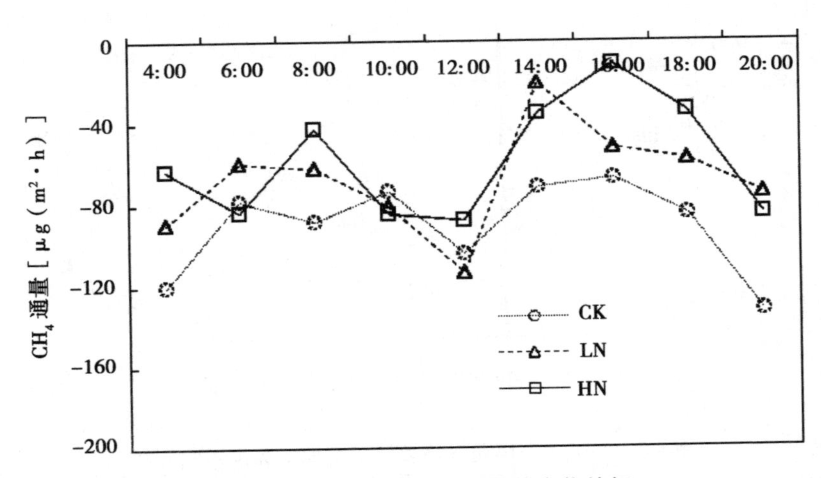

图 5.7　2009 年 7 月 CH_4 通量的变化特征

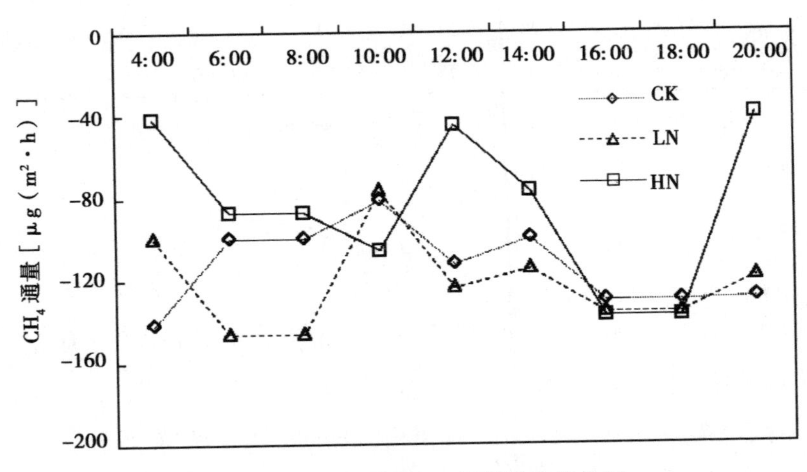

图 5.8　2009 年 8 月 CH_4 通量的变化特征

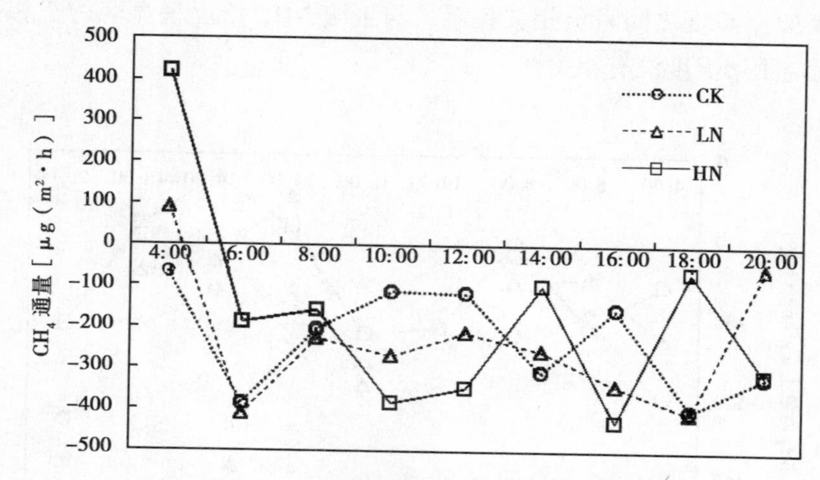

图 5.9　2009 年 9 月 CH_4 通量的变化特征

表 5.3　CH_4 季节通量与环境因子之间的逐步回归方程

处理	逐步回归方程	F	α	R^2
CK	$Y=-28.45\ M_S-21.33\ NO_3^-+8.32\ NH_4^++25.67$	10.711	0.006	0.452
LN	$Y=-31.39\ M_S-28.33\ NO_3^-+5.54\ NH_4^++20.71$	20.234	0.008	0.431
HN	$Y=-34.92\ M_S-30.33\ NO_3^-+6.58\ NH_4^++52.72$	13.307	0.003	0.478

NH_4^+ 和 NO_3^-，硝态氮和铵态氮浓度；α，F 检验的显著性水平；R^2，回归方程的拟合度

5.4　讨论与结论

在 2008 年和 2009 年 2 个生长季中，温带草甸草原是大气 CH_4 的一个吸收汇，最大吸收通量为（107.0±30.0）μg CH_4/（m²·h）。在漫长的非生长季，由于恶劣的气候条件，低温和积雪覆盖草地，没有观测到草原土壤 CH_4 通量。所以目前观测的生长季 CH_4 通量比在青藏高原观测到的高寒草甸的通量值［63.4~70.2μg CH_4/（m²·h）］要高（Wei et al，2012），在青藏高原东部观测到的 CH_4 通量值也只有 26~30μg CH_4/（m²·h）（Cao et al，2008；Lin et al，2009；Fang et al，2014）。造成这些差异的原因主要是气候条件、植被条件和土壤性质。草甸草原平均的土壤含水量约为 20.2%，

而上述青藏高原采样点的土壤含水量约为35%，远远高于温带草甸草原，这可能是造成 CH_4 通量差异的主要原因。

在本研究中，两个生长季的高氮处理均显著抑制了 CH_4 的吸收，这个结果与众多在草地生态系统的研究结果相似（Mosier et al，1996，1998；Liebig et al，2008；Jiang et al，2010；Fang et al，2014）。然而，相对于氮素添加速率来说，CH_4 平均通量减少了20.1%，说明草甸草原 CH_4 通量对氮素添加极为敏感。这种抑制作用可能是由于 CH_4 与 NH_4^+ 之间对 CH_4 单氧酶的竞争（Bronson and Mosier，1994；Chan and Steudler，2006）。另外一种解释可能是由于硝化作用 NH_4^+ 转化成 NO_3^- 过程中，中间产物羟氨和 NO_2^- 能够有效抑制 CH_4 氧化菌（Nyerges and Stein，2009）。

在本研究中，低氮处理没有显著改变 CH_4 的吸收通量。一些研究表明，如果氮素添加没有引起土壤 NH_4^+ 的有效性，氮素输入并不能改变 CH_4 的吸收通量（Whalen and Reeburgh，2000；Aronson and Helliker，2010；Wang et al，2014）。在本研究中，短期的低氮处理并没有引起土壤 NH_4^+ 的积累，而且土壤 NH_4^+ 与 CH_4 的吸收通量之间没有显著的相关性。另外，氮素添加增加了硝化细菌对 NH_4^+ 的可利用性，从而减少 CH_4 对 NH_4^+ 消耗。本研究发现，土壤 NO_3^--N 的积累能够显著影响 CH_4 的吸收，而且 CH_4 的吸收通量与 NO_3^- 之间存在显著的正相关关系。这表明，NO_3^- 的浓度对 CH_4 吸收起着重要作用，这结果同样也在华南地区得到证实（Wang et al，2013）。

也有研究表明，土壤 NH_4^+ 的浓度与土壤 CH_4 通量呈负相关关系（Zhang et al，2008；Kim et al，2012），而土壤 NO_3^- 浓度与土壤 CH_4 通量没有相关关系（Reay and Nedwell，2004；Xu and Inubushi，2007；Fang et al，2010；Jang et al，2011）。在本研究中，氮素添加没有引起 NH_4^+ 的积累，但是在后期显著增加了土壤 NO_3^- 的浓度，这很可能是由于植物和微生物对 NH_4^+ 的吸收或氧化作用。这个结果表明，NH_4^+ 对 CH_4 吸收的抑制作用可以部分解释为 NO_3^- 的积累（Xu and Inubushi，2007；Fang et al，2010，2014）。

在本研究中，土壤 CH_4 通量与土壤温度之间的相关关系较弱，这可能是由于整个观测周期内大气温度介于10～20℃。相关研究表明，只有在低温条件下，温度才能对 CH_4 的吸收起到关键的控制作用（Castro et al，1995；van den Pol-van Dasselaar et al，1998）。这可以解释为 CH_4 和 O_2 扩散潜力或竞争（Maljanen et al，2006；Fang et al，2010）。

基于 CH_4 吸收通量和各个环境因子之间的回归方程可以看出，CH_4 吸收通量与土壤含水量和土壤 NO_3^- 浓度之间呈负相关关系。Wang 等（2005）研究发现，土壤含水量能够调节 CH_4 吸收通量的季节变化。这表明，物理扩散对于 CH_4 吸收通量的季节变化起着关键作用，而且土壤 CH_4 通量与土壤含水量的相关系数随着氮素添加而增加；由于氮素添加，土壤水分对 CH_4 通量的贡献会随之增加，土壤无机氮的有效性也会相应增加。

6　氮沉降对草甸草原土壤碳库、氮库的影响

土壤有机碳是全球碳循环的重要组成部分之一，有机碳的积累和分解直接影响到全球的碳平衡（Yang，2006）。土壤有机碳主要来源于植物、动物、微生物残体和根系分泌物，并处于不断分解与形成的动态变化中（Post，1996）。草地作为陆地生态系统最大的有机碳库之一，其显著特征是90%以上的有机碳库储存在土壤中，土壤碳库为植物碳库的3倍以上，所有土壤有机碳库的微小变化可对大气CO_2浓度变化产生较大影响（李凌浩，1998）。因此，了解草地土壤碳动态及其影响机制是研究陆地生态系统碳循环的重要前提与基础。近年来，随着大气氮沉降的日益增加以及草地施肥逐渐被广泛应用，外源氮素的输入将在很大程度上改变草地生态系统可利用氮素的状况，同时也会通过植物生产、土壤微环境等途径对草地碳循环过程以及草地土壤碳库产生重要影响。氮素作为与碳有较强互作效应的重要环境因子，其含量及有效性的变化对于土壤碳的分解与固定都存在显著影响，大气氮沉降输入可能增加受氮限制的陆地生态系统的碳储量，这也是正确解释“碳失汇”的重要途径。综合目前国际上开展的氮输入对土壤碳影响的相关研究，其研究结论并不一致：一种是氮输入能促进碳的固定（Conant et al，2001），而另一种是氮输入将会减少土壤碳库储量（Mack et al，2004）；还有研究认为氮输入对土壤碳库影响较小（Unlu，1999）。当前由人类活动产生并排放到大气中的反应性氮（reactive nitrogen）每年达165Tg，全球氮沉降通量每年为25~40Tg，预计未来25年内会加倍（Galloway et al，2003）。大气氮沉降直接或间接地影响植物生长、碳吸收以及光合作用的分配、凋落物的分解、土壤有机质（SOM）的周转、土壤呼吸等过程，极大地干预草地生态系统的碳循环和碳累积过程（Matson et al，2002）。草地土壤碳主要以有机碳的形式存在，引起土壤有

机碳库的最初变化主要是其中的易分解、易矿化部分，即土壤碳库与大气碳库之间主要是通过活性碳的迁移转化产生直接的联系，因此土壤活性碳的研究是草地土壤碳库研究的重要内容。本研究通过添加不同水平以及不同类型的氮肥，试图探讨不同氮输入水平与氮输入类型对草地土壤有机碳含量影响的差异，为正确评价草地土壤有机碳库的总体演变趋势提供基础数据。

此外，在草地生态系统中，土壤中的氮被认为是最易耗竭和限制植物生长的营养元素之一。其中，土壤全氮是标志土壤氮素总量和供应植物有效氮素的源和库，综合反映了土壤的氮素状况。而土壤中无机氮（NH_4^+-N和NO_3^--N）尽管在全氮中所占的比例不大（一般为1%~3%），但却是植物吸收矿质氮养分的主要来源，其含量多少直接影响土壤的供氮能力，所以土壤的氮素矿化水平是土壤供氮能力的一个重要指标，进而影响生态系统的生产能力。同时，土壤无机氮的硝化与反硝化作用与温室气体氧化亚氮（N_2O）的产生与排放密切相关，因此，准确把握无机氮的空间分布和动态变化对于提高生态系统的生产能力与固碳能力，减缓氮素的气态损失是十分必要的。

土壤溶解性有机碳是指受植物和微生物影响强烈，具有水溶解性，在土壤中移动比较快、不稳定、易氧化分解，对植物与微生物来说活性比较高的那一部分土壤有机碳素（俞元春和李淑芬，2003），它主要来源于土壤腐殖质及植物残体的微生物分解产物和非生物淋溶产物。从不同途径产生的土壤溶解性有机碳一部分被微生物分解同化并以CO_2形式逸失到大气中，一部分被土壤吸附而暂时保存，还有一部分则随下渗水、侧渗水和径流离开表层土壤系统。土壤DOC是土壤活性有机质，容易被土壤微生物利用和分解，在提供土壤养分方面起着重要作用，对外界环境的变化也更敏感；同时，它的淋失和氧化分解也是土壤有机质损失的重要途径，对研究土壤碳素循环及其环境影响效应具有重要意义（Biederbdck and Zentner，1994；王请奎等，2005）。

目前，国内外在研究氮输入对土壤有机碳的影响时大多只笼统地揭示其对土壤总有机碳的影响，但实际上土壤有机碳的各个组分对氮输入的响应机理和敏感程度并不一致，有必要将其区分开来，进一步加强对快速变化的活性碳组分的相关研究。

6.1　不同氮肥种类和水平下土壤总有机碳含量的变化

本研究从2008年生长季开始每月施肥1次，试验设3种氮肥种类：$(NH_4)_2SO_4$、NH_4Cl和KNO_3；每种肥料设对照（CK）、低氮（10kgN/hm^2·年）和高氮（20kgN/hm^2·年）3种水平，每种处理3次重复。由于施肥量较小，相关研究结果表明，第1年施肥后，不同施氮水平之间土壤总有机碳含量（Total organic carbon，TOC）均没有显著差异，因此在试验开始的第1年没有连续监测土壤有机碳含量的变化情况。从2009年生长季（5—9月）开始，在每个施肥小区，每月固定时间采集0~10cm土壤样品，测定土壤有机碳含量的变化。由于土壤总有机碳含量变化较小，所以采样频率为每月1次。如图6-1所示，在2009年生长季，$(NH_4)_2SO_4$、NH_4Cl和KNO_3 3种氮肥处理中，0~10cm表层土壤总有机碳含量没有明显的变化规律，且季节变异较小。无论是在低氮水平处理下，还是在高氮水平处理下，不同氮肥处理土壤有机碳含量与对照比较均没有显著差异，高氮处理与低氮处理的土壤有机碳含量也没有显著差异。氮输入对土壤有机碳的影

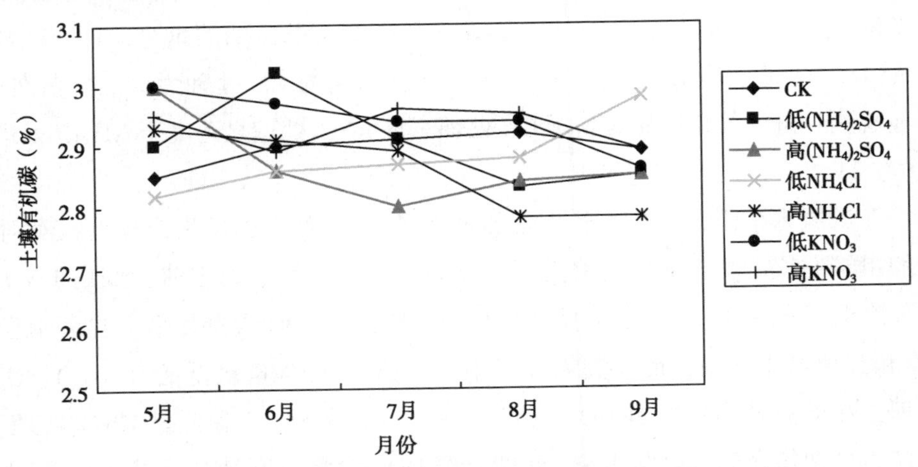

图6.1　不同氮肥种类和水平下土壤总有机碳含量的变化

响存在两个既相反又缓慢的过程，首先，氮肥的施入直接增加土壤氮含量，提高植物的初级生产力，进而使土壤有机碳输入增加；另外，土壤氮素含量的提高还会使土壤 C/N 降低，提高微生物活性，加速土壤有机碳的分解，使土壤有机碳含量降低。因此，土壤中的有机碳含量主要取决于进入土壤的植物残体量以及土壤微生物作用下分解损失量的平衡状况。

6.2 不同氮肥种类和水平下土壤可溶性有机碳含量的变化

草地土壤中的碳主要以有机碳的形式存在，而引起土壤有机碳库变化的因素是其中易分解、矿化的土壤活性碳。土壤碳库与大气碳库之间主要是通过活性碳的迁移转化产生直接的联系，因此土壤活性碳的研究是草地土壤碳库研究的重要内容。而土壤可溶性有机碳（Dissolved organic carbon，DOC）是土壤活性碳的重要组成部分，因此本部分重点研究土壤 DOC 对氮素添加的响应。

2009 年生长季，在高氮水平下，3 种氮肥处理之间土壤 DOC 含量均呈现先升高后降低的单峰曲线的季节变化模式，外源氮素的输入并没有改变土壤 DOC 的季节变化形式，高量 $(NH_4)_2SO_4$ 处理和 CK 处理的土壤 DOC 含量没有显著差异，随着施氮肥次数的增加，土壤 DOC 含量并没有显著增加，到生长季末期，土壤 DOC 含量基本又逐渐恢复到生长季初期的水平。而 NH_4Cl 和 KNO_3 处理的土壤 DOC 含量除了在生长季初期与 CK 处理无显著差异外，其他观测月份，其含量显著高于 CK 处理，且 KNO_3 处理显著高于 NH_4Cl 处理（图 6.2）。

在低氮水平下，3 种氮肥处理之间土壤 DOC 含量也呈现出先升高后降低的单峰曲线变化模式。与高氮处理不同的是，7 月中旬之前，低量 KNO_3 处理降低了土壤 DOC 含量，低量 KNO_3 处理土壤 DOC 含量最低，显著低于 CK 和其他氮肥处理，而在高氮处理中，土壤 DOC 含量最低的 $(NH_4)_2SO_4$ 处理，在低氮处理中土壤 DOC 含量最高，显著高于 CK 和低量 KNO_3 处理。而在 7 月中旬之后，低量 KNO_3 处理土壤 DOC 含量急剧升高，显著高于 CK 和其他氮肥处理，9 月又基本恢复到生长季初期的水平（图 6.3）。

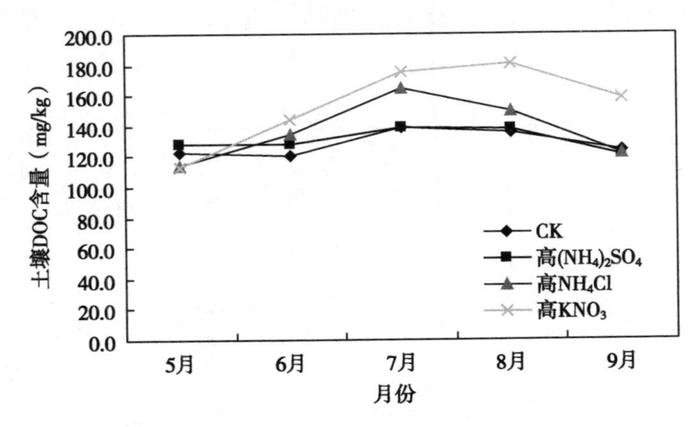

图 6.2　在高氮水平下土壤 DOC 含量的变化

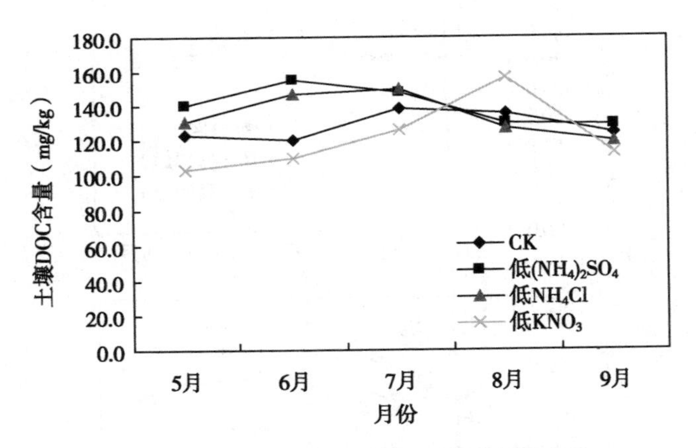

图 6.3　在低氮水平下土壤 DOC 含量的变化

图 6.4 是对不同施肥种类在施肥水平上的单独比较，发现不同施肥种类中，土壤 DOC 含量并没有随着施肥量的增加而增加。在（NH_4）$_2SO_4$处理中，生长季前期，低量（NH_4）$_2SO_4$处理土壤 DOC 含量最高，显著高于 CK 和高量（NH_4）$_2SO_4$处理，而 CK 和高量（NH_4）$_2SO_4$处理之间差异不显著。生长季后期，3 种处理之间没有显著差异。在 NH_4Cl 处理中，高氮处理和低氮处理以及 CK 处理之间的土壤 DOC 含量没有显著差异，在生长季前期，低氮处理的土壤 DOC 含量较高，而在生长季后期，则高氮处理的土壤 DOC 含量较高。在 KNO_3处理中，低氮处理的土壤 DOC 含量低于 CK 处

理（除8月的一次采样），而高氮处理的土壤DOC含量显著高于CK和低氮处理。

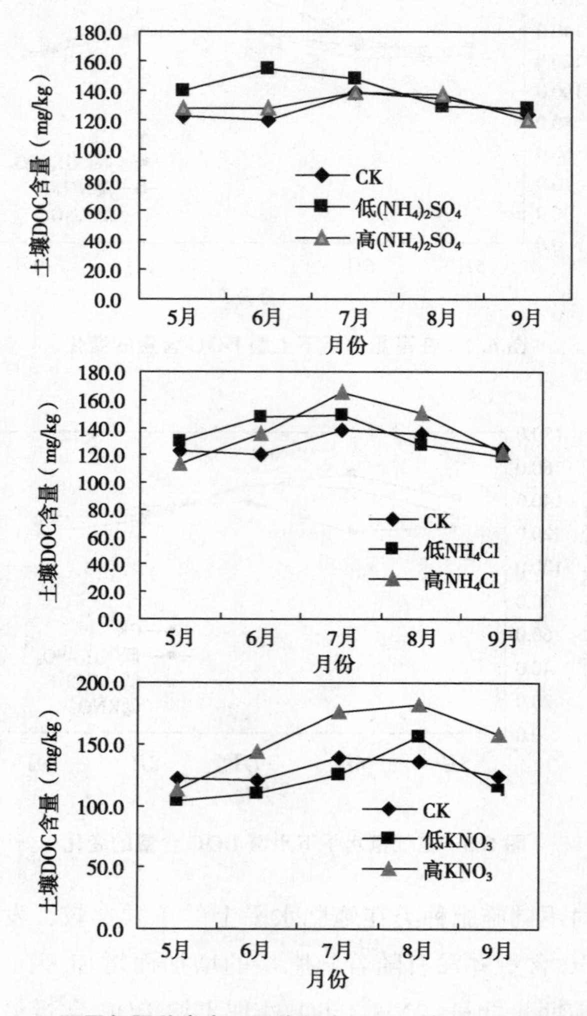

图6.4　不同氮肥种类在不同施氮水平下土壤DOC含量的变化

6.3　不同氮肥种类和水平下土壤无机碳含量的变化

无机碳主要是以碳酸盐的形式存在，因此通过碳酸盐的形成来固定碳具有较大的碳汇潜力，但我国目前对于无机碳在陆地生态系统碳截留中的地位及其贡献还知之甚少。在所研究的半湿润半干旱草地生态系统中，土壤无机碳的含量大约为可溶性有机碳含量的50%，因此这部分碳在草地生态系统碳循环中的作用也不可忽视。

从图 6.5~图 6.7 可以看出，无论施入低量氮肥还是高量氮肥，3 种氮肥处理土壤总无机碳含量（TIC）与 CK 处理相比均没有显著变化，土壤 TIC 含量的季节变化形式也基本相同，5 月、9 月含量较高，而 6—8 月含量较低。造成这种现象的原因主要是：随着气温升高和雨季的来临，土壤中的碳酸盐在适宜的条件下，也可以分解排放 CO_2，所以在高温多雨的夏季，土壤中 TIC 含量较低。由于土壤水分和 CO_2分压增加，碳酸的溶解与

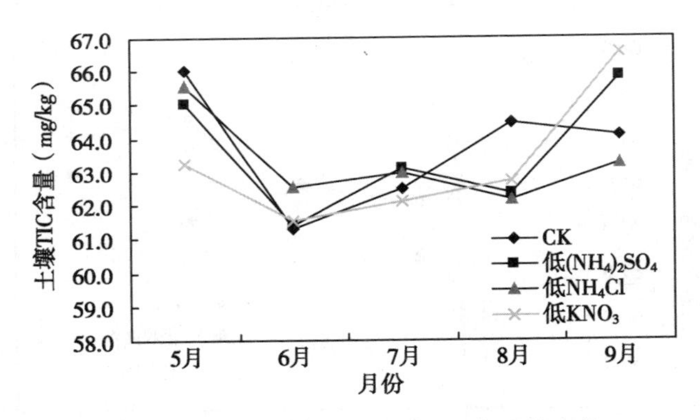

图 6.5 在低氮水平下土壤 TIC 含量的变化

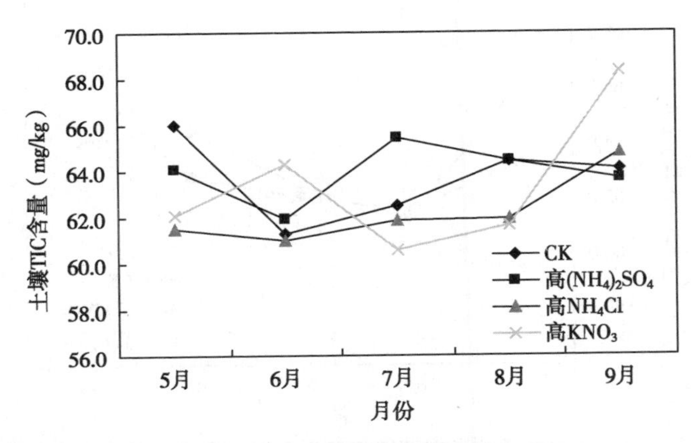

图 6.6 在高氮水平下土壤 TIC 含量的变化

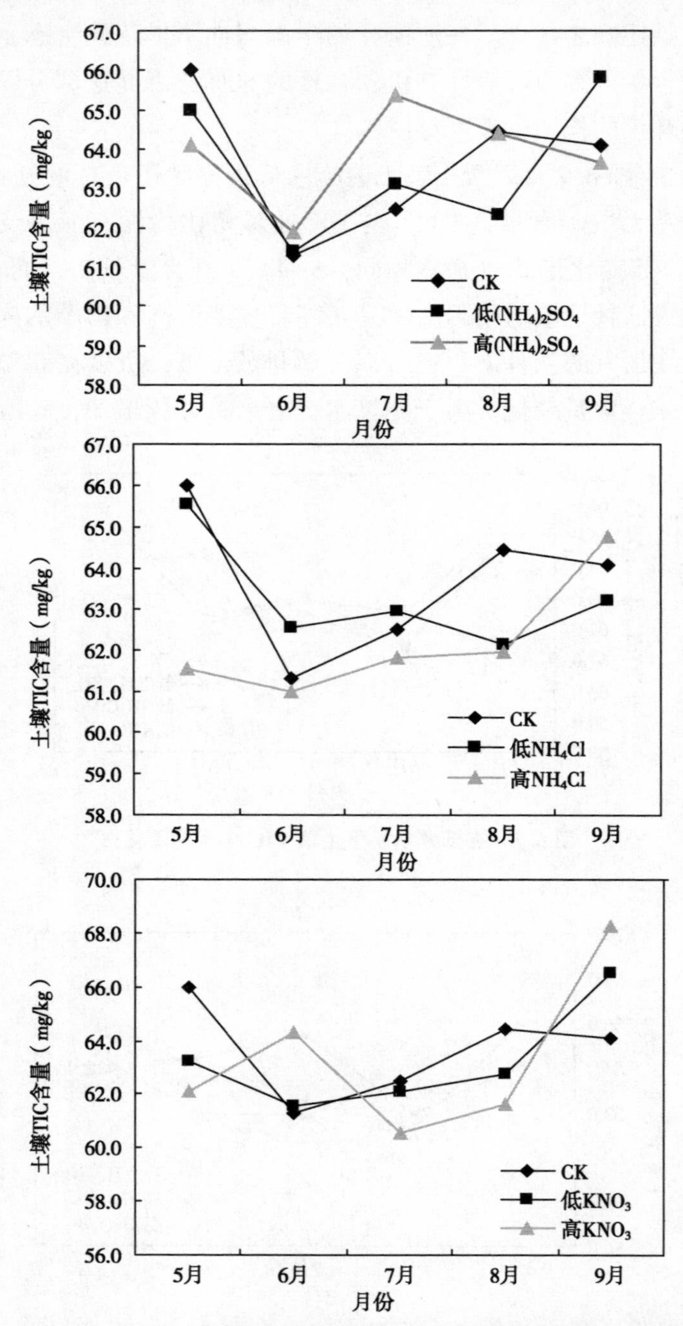

图 6.7　不同氮肥种类在不同施氮水平下土壤 TIC 含量的变化

再沉淀在时间及剖面空间上也会可逆发生。具体地讲，由植物固定大气中的CO_2形成有机碳，经根系和凋落物分解进入土壤，在微生物的作用下分解产生CO_2，溶于水后形成碳酸，这部分碳在通过降水、降尘、施肥等过程从系统外获得Ca^{2+}、Mg^{2+}等离子的条件下存在$SOC \rightarrow CO_2 \rightarrow HCO_3^- \rightarrow CaCO_3$的转化（樊恒文等，2002），从而实现对碳的固定。

6.4　不同氮肥种类和水平下土壤矿质氮和净氮矿化速率的变化

6.4.1　土壤硝态氮的变化

如图6.8~图6.10所示，无论是低氮处理还是高氮处理，土壤硝态氮的季节变化趋势基本一致，只是升高和降低的幅度有所不同。即5月较低，6月土壤硝态氮含量显著升高，7月又有所下降，8月份低氮处理继续下降，而高氮处理有所回升，9月份又有所下降。从图6.8低氮处理来看，施入低量的（$(NH_4)_2SO_4$、NH_4Cl和KNO_3都会使土壤中硝态氮含量在短期升高，不难理解KNO_3的施入会使土壤中的硝态氮含量升高，而$(NH_4)_2SO_4$、NH_4Cl的施入，虽然直接增加的是NH_4^+，但是由于$(NH_4)_2SO_4$、NH_4Cl是强酸弱碱盐，在土壤溶液中水解生成H^+显示酸性，而使土壤中积

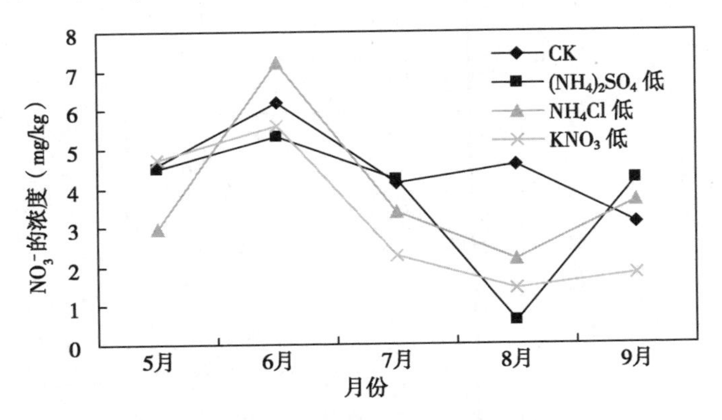

图6.8　在低氮水平下土壤NO_3^-含量的变化

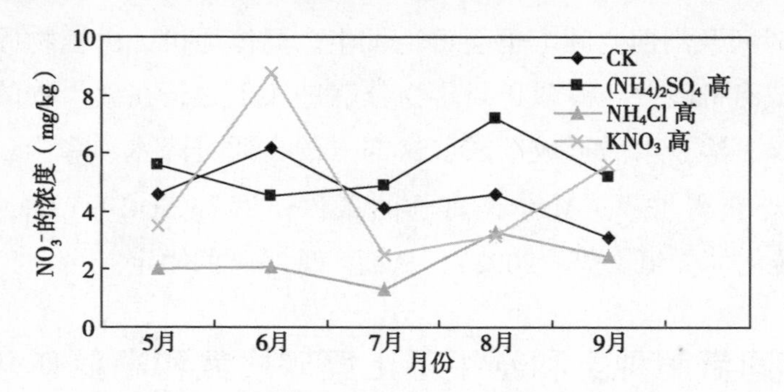

图 6.9　在高氮水平下土壤 NO_3^- 含量的变化

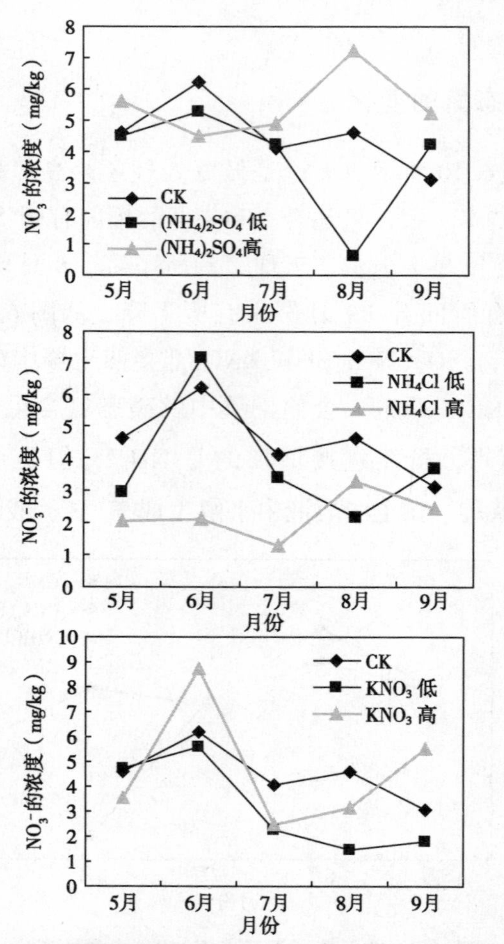

图 6.10　不同氮肥种类在不同施氮水平下土壤 NO_3^- 含量的变化

累的 NO_3^- 释放出来，所以低氮处理中 6 月土壤中的 NO_3^- 显著升高。7 月随着温度的升高和雨季的来临，土壤中的 NO_3^- 急剧下降，这主要是因为气温升高和土壤水分供应充足、植物生长旺盛、植物吸收土壤中的养分所致，加之土壤 NO_3^- 本身容易淋溶等特点，土壤中部分 NO_3^- 不可避免的要淋溶到土壤下层，所以 7 月显著降低。8 月，低氮处理的硝态氮含量下降，而高氮处理的硝态氮含量上升，这主要是植物吸氮量和外加氮量的差异所致。9 月，随着植物的枯萎，植物吸收利用土壤养分的功能减弱，土壤中的硝态氮维持在一定水平。

总体来看，施入低量氮肥并没有引起土壤中硝态氮含量的增加，反而比 CK 处理土壤中的硝态氮含量更低。施入高量氮肥，除 $(NH_4)_2SO_4$ 处理和 KNO_3 处理的个别月份会增加土壤的硝态氮含量外，NH_4Cl 反而降低了土壤中的硝态氮含量。

6.4.2　土壤铵态氮的变化

如图 6.11～图 6.14 所示，无论是低氮处理还是高氮处理，土壤铵态氮的季节变化趋势基本一致，只是升高和降低的幅度有所不同。与硝态氮的变化趋势相反，5 月铵态氮维持较高水平，而 6 月有所下降，7 月回升，8 月又急剧下降，9 月又上升。在低氮处理中，除了 KNO_3 处理的 NH_4^+ 显著低于 CK 外，$(NH_4)_2SO_4$ 和 NH_4Cl 处理与 CK 处理比较无显著差异。在高氮处理中，3 种肥料处理的土壤 NH_4^+ 含量与 CK 相比均无显著差异。

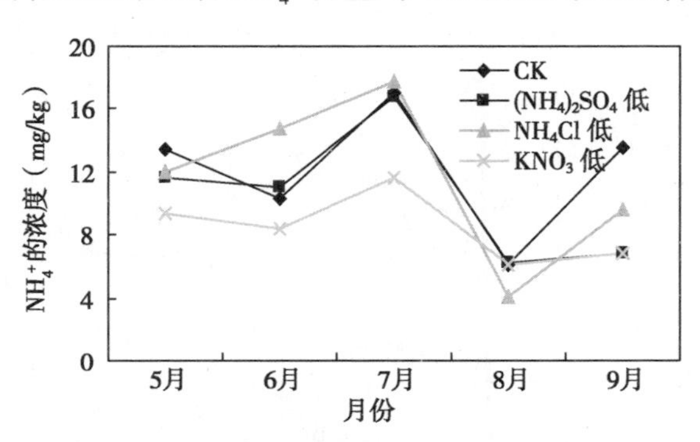

图 6.11　在低氮水平下土壤 NH_4^+ 含量的变化

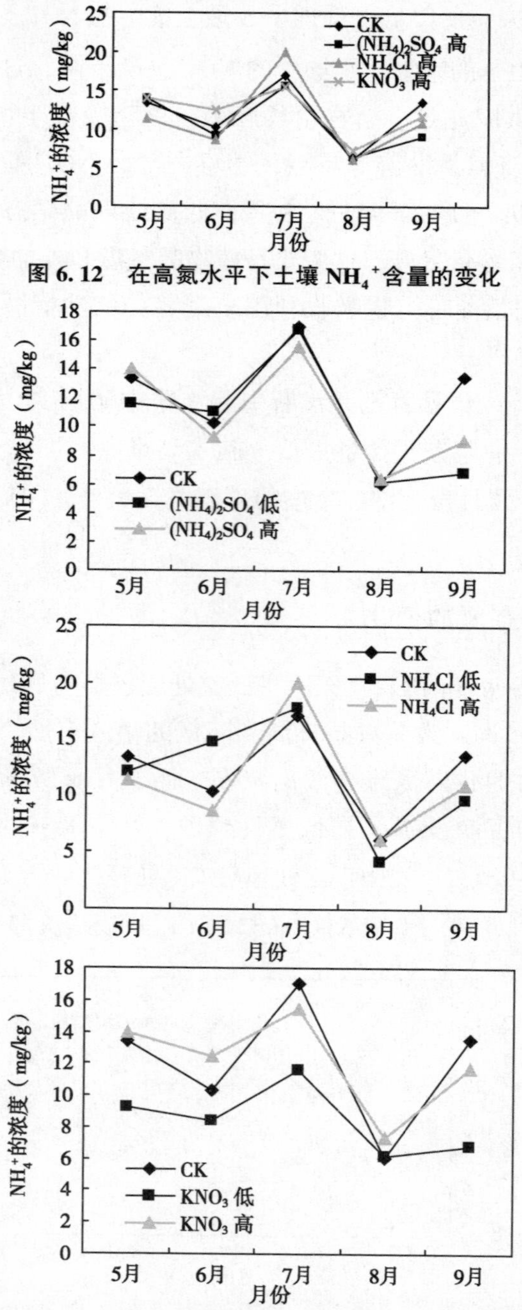

图 6.12　在高氮水平下土壤 NH_4^+ 含量的变化

图 6.13　不同氮肥种类在不同施氮水平下土壤 NH_4^+ 含量的变化

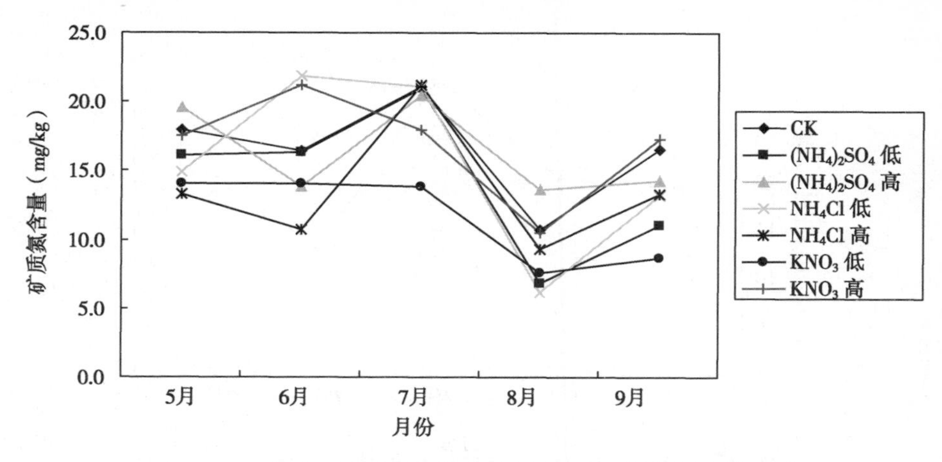

图 6.14　不同氮肥种类不同施氮水平下土壤矿质氮含量的变化

由此可见，施入低量氮肥没有引起土壤中铵态氮含量的显著增加，KNO_3处理反而比 CK 处理土壤中的硝态氮含量更低。施入高量氮肥，$(NH_4)_2SO_4$、NH_4Cl 和 KNO_3 3 种肥料处理的土壤 NH_4^+含量与 CK 相比均无显著差异。

从土壤铵态氮、硝态氮含量上可以看出，铵态氮含量远大于硝态氮，本研究区域土壤矿质氮主要以铵态氮形式存在，从与土壤水分的相关性可以看出（图 6.15、表 6.1），土壤铵态氮与土壤水分相关性较好，个别处理能够达到显著水平。

表 6.1　不同处理土壤铵态氮、硝态氮与土壤水分之间的相关性

	CK	$(NH_4)_2SO_4$处理		NH_4Cl 处理		KNO_3处理	
		高量	低量	高量	低量	高量	低量
NO_3^-	−0.279	−0.723	0.595	−0.907*	0.153	0.138	−0.012
NH_4^+	0.923*	0.770	0.805	0.949*	0.855	0.847	0.821

6.4.3　土壤净硝化速率的变化

两年的研究表明（图 6.16），高氮和低氮处理土壤净硝化速率的季节变化趋势基本一致，最高值出现在 7 月。在高氮处理中，净硝化速率的变

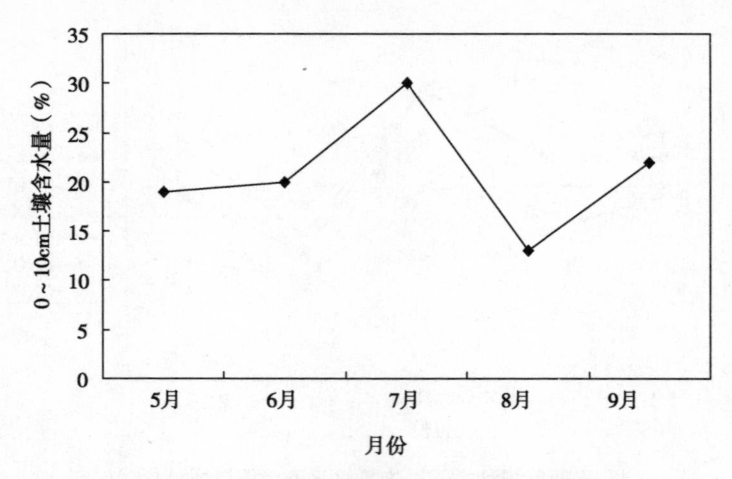

图 6.15 2009 年每个观测月土壤水分的变化

化范围为 0~1.21μg/（g·d），培养时间对硝化速率有显著的影响。2008 年，3 种低氮处理对净硝化速率没有显著影响，而在 2009 年后期，低氮处理显著降低了土壤的净氮矿化速率。L（NH_4）$_2SO_4$，LNH_4Cl，$LKNO_3$与对照相比，分别减少了 12.1%~42.6%，13.3%~54.5%，和 13.0%~62.8%。其中，高温多雨的 7 月份减少量最多，然而净氮矿化速率和低氮各处理之间没有显著的相关关系。

6.4.4 土壤净氨化速率的变化

两年的研究表明（图 6.17），低氮和高氮处理土壤净氨化速率的变化趋势基本一致。2008 年 7 月、2009 年 5 月和 7 月出现了 3 次负值。两个生长季中，低氮处理的净氨化速率的变化范围 0.19~0.30μg/（g·d），培养时间对净氨化速率有显著影响。在两年的生长季中，LNH_4Cl 处理显著增加了净氨化速率，除了 2008 年 7 月 13 日至 8 月 14 日之间净氨化速率出现了负值，2009 年的净氨化速率增加效应显著大于 2008 年，而且这种效应在 6 月和 8 月最为明显。2008 年 LNH_4Cl 处理的净氨化速率增加了 42.8%~122.0%，2009 年增加了 114.0%~288.0%，而 L（NH_4）$_2SO_4$和 $LKNO_3$处理对净氨化速率没有显著影响。

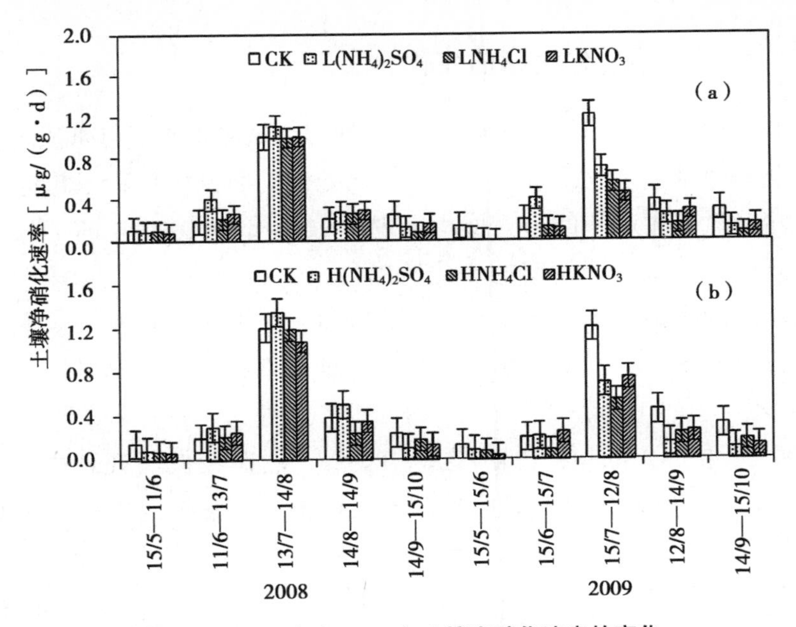

图 6.16　2008 年和 2009 年土壤净硝化速率的变化

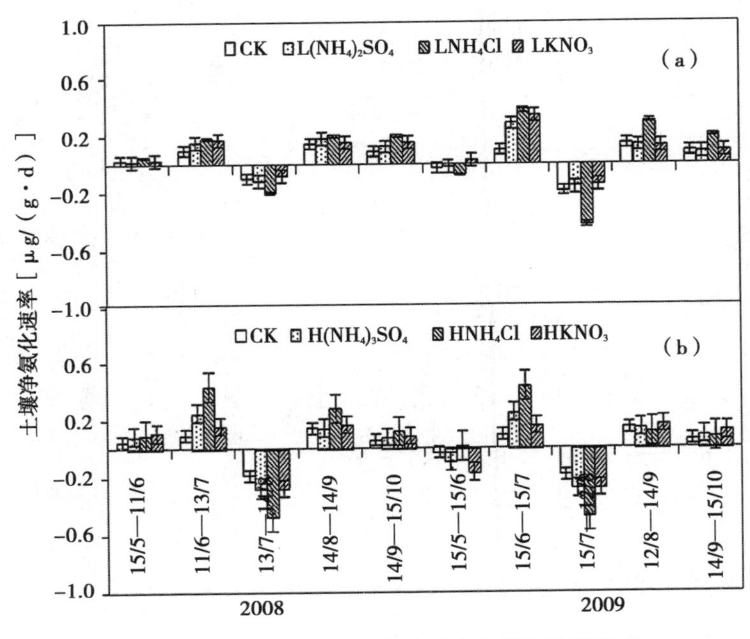

图 6.17　2008 年和 2009 年土壤净氨化速率的变化

6.4.5 土壤净氮矿化速率的变化

2 年的研究结果表明（图6.18），各处理净氮矿化速率与净硝化速率的季节变化趋势基本一致，而且高氮和低氮处理的净氮矿化速率趋势基本一致，土壤净氮矿化速率的最大值均出现在 2008 年和 2009 年的 7 月份。在高氮处理中，净氮矿化速率的变化范围为-0.08~1.02μg/（g·d），培养时间对土壤的净硝化速率有显著影响。2008 年，3 种氮处理对土壤净氮矿化速率没有显著影响，2009 年后期，氮处理显著降低了净氮矿化速率。与对照相比，L（NH_4）$_2$ SO_4、LNH_4Cl、$LKNO_3$ 处理分别降低了 12.1%~110.2%、17.0%~180.0%、24.55%~70.3%。然而在低氮处理中，除了 6 月 15 日至 7 月 15 日的培养时段外，各处理土壤的净矿化速率之间差异不显著。

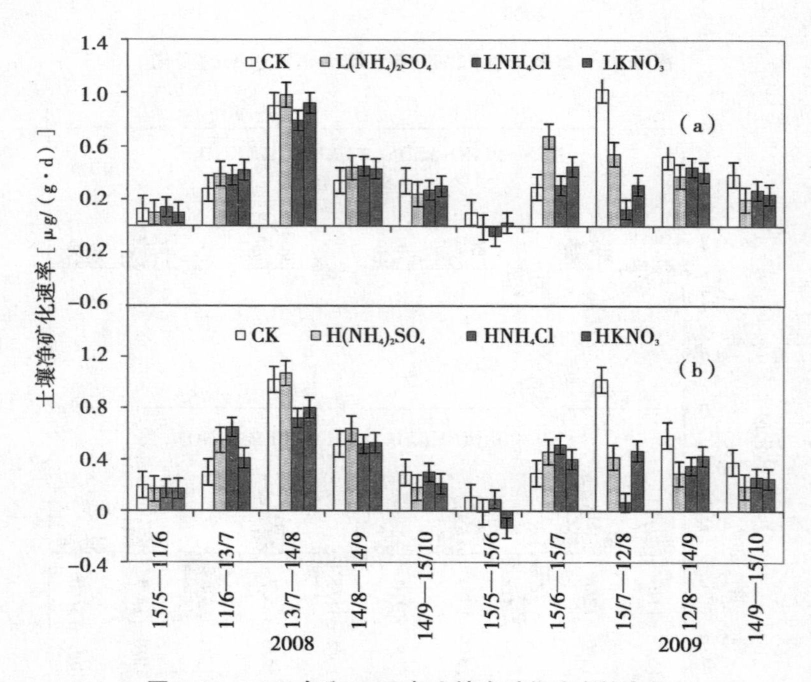

图 6.18 2008 年和 2009 年土壤净矿化速率的变化

6.4.6 土壤净氮矿化速率与各环境因子的相关性

研究结果表明（表6.2），各处理土壤的净氮矿化速率与土壤含水量和有效积温呈显著的正相关关系，土壤含水量的变化和有效积温分别能够解释土壤净氮矿化速率变化58.1%和80.5%。而且，各处理土壤净氮矿化速率与土壤总氮含量也呈显著的正相关关系，而与土壤总有机碳没有相关性。土壤总氮含量能够解释土壤净氮矿化速率变化的53.4%。土壤的净氮矿化速率与土壤有机质的C/N没有相关性，与土壤pH值有正相关关系，但是不显著。

表6.2 不同处理土壤的净氮矿化速率与各环境因子的相关系数

	CK	H $(NH_4)_2SO_4$	L $(NH_4)_2SO_4$	HNH_4Cl	LNH_4Cl	$HKNO_3$	$LKNO_3$
SWC（%）	0.628*	0.661*	0.654*	0.595*	0.581*	0.621*	0.609*
TS（℃）	0.341	0.453	0.432	0.521	0.411	0.454	0.491
Ta（℃）	0.791*	0.818*	0.821*	0.805*	0.887**	0.876**	0.855**
TN（%）	0.615*	0.634*	0.650*	0.534**	0.651**	0.647**	0.621*
TOC（%）	0.485	0.543	0.511	0.327	0.153	0.138	0.012
Soil C/N	−0.49	−0.432	−0.516	−0.509	−0.498	−0.671	−0.457
Soil pH	0.381	0.468	0.381	0.474	0.597*	0.405	0.313

TS：土壤温度；Ta：积温。* 代表0.05的显著性水平，** 代表0.01的显著性水平

6.5 讨论与结论

目前，国内外关于大气氮沉降或者人为施肥对草地土壤有机碳储量及不同碳素组分的影响方面的报道还不多见，相关的零星研究结论也不尽一致。外源氮素的输入对土壤总有机碳含量的影响尚存在很大的不确定性，不同的氮肥类型、氮肥用量以及施肥时间等都会对土壤有机碳含量产生影响。氮输入对土壤有机碳的影响存在两个相反的过程，首先，氮肥的施入直接增加土壤氮含量，提高植物的初级生产力，进而使土壤有机碳输入增加；另外，土壤氮素含量的提高还会使土壤C/N降低，提高微生物活性，加速土壤有机碳的分解，使土壤有机碳含量降低。因此，土壤中的有机碳

含量主要取决于进入土壤的植物残体量以及土壤微生物作用下分解损失量的平衡状况。有研究结果表明，适量施肥对有机质向土壤输入的促进作用比对有机质分解的促进作用大，有利于增加土壤碳截留。但研究结果也存在很大争议，主要是因为在不同的生态系统中，在不同的气候条件下氮输入对两种过程的影响不同。本研究认为，在低氮（10kg N /hm^2·年）和高氮（20kg N /hm^2·年）施肥量的影响下，内蒙古草甸草原土壤表层总有机碳含量的季节变化较小，土壤有机碳含量没有受到明显影响。其原因可能是因为施氮对草地生物量及初级生产力的促进作用与施氮对土壤有机质分解的促进作用相互抵消。另外，施肥量较小，土壤总有机碳含量变化是一个缓慢的过程，短期的研究结果可能不足以影响其含量的变化。

本研究在有机碳研究的基础上，增加了土壤无机碳含量特征的研究。主要是由于草地土壤强烈的蒸发作用以及土壤和植被的退化，无机碳会出现向表层集聚分布的特点。这部分无机碳在酸性降水以及根系分泌物等酸化作用等的影响下极易导致CO_2的释放与损失。另有研究表明，通过采用一系列草地管理措施还可以在很大程度上改善并增加生态系统的碳截留，缓解温室效应（Emmerich，2003；Lal，2001）。但在我们研究的施肥量的影响下，土壤无机碳含量没有显著变化。

目前关于外源氮素输入对土壤中活性碳影响的研究尚属少见，在机理研究和基本结论等方面都存在着许多不同的观点。土壤可溶性有机碳主要来源于土壤腐殖质及植物残体的微生物分解产物和非生物淋溶产物，从不同途径产生的土壤可溶性有机碳一部分被微生物分解同化并以CO_2形式排放到大气中，一部分被土壤吸附而暂时保存，还有一部分则随下渗水、侧渗水和径流离开表层土壤。因此，植物生产、有机质向土壤的输入、土壤腐殖质的稳定性、微生物数量及其活性等条件的变化都会对土壤可溶性有机碳的含量产生直接的影响。本试验结果表明，在高氮水平下，NH_4Cl和KNO_3处理会使土壤DOC含量显著升高，并且KNO_3处理显著高于NH_4Cl处理，而$(NH_4)_2SO_4$处理和CK处理的土壤DOC含量没有显著差异。在低氮水平下，情况比较复杂，以7月中旬为转折点，特别是KNO_3处理，7月中旬以前显著低于CK处理和其他处理，而7月中旬以后，又高于CK和其他处理。NH_4Cl 和（$(NH_4)_2SO_4$）处理则在 7 月中旬以前高于 CK 处理，而在 7 月中旬以后显著降低。研究还表明，NH_4^+对土壤 DOC 有一定的抑制作用，而 NO_3^-对土壤 DOC 有一定的促进作用。相关的研究结果表明（廖利平等，2000；项文化等，2005），NH_4^+的添加不能增加凋落物的分解速率，与 CK 相比没有显著差异，而 NO_3^-的添加能够显著促进凋落物的分解速率。与本研究土壤 DOC 对氮素添加的响应一致，说明土壤 DOC 含量可能主要来源于凋落物的分解产物。

草地土壤是草地生态系统中最大的氮库，通常超过生态系统总氮量的 90%（Cole，1978）。不过，大部分的土壤氮是惰性的，且对于植物吸收和土壤氮的淋溶是无效的，只有可矿化的氮才具有生物学意义上的活性（Vestgarden and Kjnaas，2003）。在草地生态系统中，土壤有效氮主要以 NH_4^+-N 和 NO_3^--N 形式存在，NH_4^+-N 和 NO_3^--N 是植物从土壤中吸收氮的主要形式，同时也是造成环境问题的重要组成部分。因此，土壤氮的内部转化过程是草地生态系统土壤氮转化与循环的关键过程。本试验研究了不同氮肥类型和不同氮肥水平下，土壤 NH_4^+-N 和 NO_3^--N 的变化情况。就 NO_3^-的浓度而言，施入低量氮肥并没有引起土壤中硝态氮含量的增加，反而比 CK 处理土壤中的硝态氮含量更低。施入高量氮肥，除 $(NH_4)_2SO_4$ 处理和 KNO_3处理的个别月份会增加土壤的硝态氮含量外，NH_4Cl 反而降低了土壤中的硝态氮含量。就 NH_4^+的浓度而言，施入低量氮肥没有引起土壤中铵态氮含量的显著增加，KNO_3处理反而比 CK 处理土壤中的硝态氮含量更低。施入高量氮肥，$(NH_4)_2SO_4$、NH_4Cl 和 KNO_3 3 种肥料处理的土壤 NH_4^+含量与 CK 相比均无显著差异。因此得出结论，高量 NH_4Cl 处理能够抑制土壤 NO_3^-的浓度，低量 KNO_3处理则能够抑制土壤 NH_4^+的浓度。

2009 年生长季后期，$(NH_4)_2SO_4$、NH_4Cl 和 KNO_3处理的净氮矿化速率和净硝化速率均表现出明显的下降，而且高温多雨的 7 月份的下降幅度最大。高量 $(NH_4)_2SO_4$处理比 NH_4Cl 和 KNO_3处理对土壤的净矿化速率有明显的抑制作用，这种抑制作用和之前的研究结果很相似（Aber and Magill，2004；Throop et al，2004；Tietema et al，1998）。Zhang 等（2009）的研究表明，低氮处理（17.5kg N /hm^2 · 年）刺激了氮素矿化，而高氮处理

(280kg N /hm^2·年) 抑制了氮素的矿化。由于恶劣的天气条件，本研究没有观测到冬季的变化情况，只在2009年5月观测到土壤净氮矿化速率的略微升高。由于增加的氮素与有机质结合，从而减少碳氮比，所以最初的净氮矿化速率有所增加，增加了有机质分解，释放了土壤养分（Throop et al, 2004）。在长期施肥的条件下，总氮矿化速率将会逐渐增加，而净氮矿化速率会逐渐减少（Tietema et al, 1998; Zaman and Chang, 2004）。Gundersen (1998) 发现，只有在氮素缺乏的生态系统中，氮素的输入能够增加土壤的净氮矿化速率。一方面，这种抑制作用由于氮素输入改变了土壤有机质的化学性质，降低了有机质分解过程中的胞外酶活性（Xu et al, 2009; Bardgett et al, 1999a）。Liu等（2007）在中国温带草原发现，氮肥对土壤微生物没有显著影响，这与在氮富集的生态系统中的研究结果并不一致(Treseder, 2008)。因此，应该加强对氮素添加对氮缺乏生态系统的微生物活性的影响研究。

本研究发现，在2009年后期，KNO_3处理显著降低了净氮矿化速率和净硝化速率。一方面是由于NO_3^-的增加直接抑制了硝化作用，另一方面是由于添加了KNO_3，直接与添加的K^+有关，能够替换土壤中的H^+，从而使土壤溶液中的H^+浓度增加（Killham, 1994）。研究发现，NO_3^-的增加能够使土壤pH缓慢减少（Currey et al, 2010）。氮素矿化特别是硝化作用随着土壤pH的增加呈现线性减少的趋势（Ghani et al, 2003; Zhang et al, 2008)，因此，在温带典型草地土壤添加NH_4^+-N比NO_3^--N更能促进土壤氮素矿化作用。

在2009年7月，氮素添加对土壤的净氮矿化和硝化作用的影响最为显著，主要是因为温度和水分条件更有利于反硝化作用的发生，因此降低了净氮矿化速率和硝化速率。

两年的生长季表明，无论是高氮处理还是低氮处理，$(NH_4)_2SO_4$和KNO_3处理对土壤的氨化作用没有显著影响，然而NH_4Cl处理显著影响了土壤的氨化作用。氨化速率的负值可以理解为土壤中的氮素被固定或者由于发生硝化作用而产生的气态损失（Hatch et al, 2000; Maag and Vinther, 2002; Vor and Brumme, 2002)，也可以理解为由于自养硝化细菌的硝化作用，土壤中的 NH_4^+-N 氧化为 NO_3^--N（Chen et al，2011）。NH_4Cl 对氨化作用的促进可以解释为 Cl^- 对土壤硝化作用的抑制效果（Zhou et al，2002），随着 NH_4Cl 的增加，NH_4Cl 对土壤净氨化速率的促进作用逐渐降低直至消失。

7 结论与展望

由于人类活动的影响，大气氮沉降日益增加，我国已经成为除西欧、北美之外的全球第三大氮沉降集中区，这必将对陆地生态系统碳氮循环产生较大影响。我国北方草地生态系统极其脆弱，分布面积广，脆弱的生态系统使碳输入与碳输出对氮沉降的反应较其他生态系统更为敏感。因此，在此区域开展氮沉降模拟的试验研究具有重要的科学意义。

本研究以中国农业科学院呼伦贝尔草原生态系统野外科学观测研究站为研究基地，以我国内蒙古东北部呼伦贝尔草甸草原为主要研究对象，在研究区域围封的贝加尔针茅草地进行了为期 2 年的氮沉降模拟试验，定量研究了不同外源氮输入水平与不同氮输入形态对我国温带半湿润半干旱草地生态系统主要碳氮过程的影响，主要包括氮沉降对温室气体（CO_2、CH_4、N_2O）通量、土壤有机碳、无机碳以及土壤矿质氮含量的影响，探讨草地生态系统关键的碳过程对外源氮输入的综合响应机制。

7.1 主要结论

（1）氮肥的施入没有引起土壤 CO_2通量的日变化和季节变化模式的改变，但施氮后改变了土壤呼吸通量的大小；在 N10 的施氮水平下，第 1 年施氮对 CO_2的排放有一定的抑制作用，第 2 年逐渐由抑制作用转变为促进作用；在 N20 的施氮水平下，施氮对 CO_2的排放有一定的促进作用。在 2 年的观测期内，土壤 CO_2通量与土壤水分和各个温度因子之间均呈现出显著的正相关关系，尤其是与气温、地表温度、0～10cm 土壤水分之间的相关性最为显著。施氮能够增加土壤呼吸对土壤水分响应的敏感性，但没有显著改变土壤呼吸对温度变化的敏感性。

（2）不同观测月份，土壤 N_2O 通量大致表现出相同的日变化规律。N_2O的排放高峰一般出现在 11：00—14：00，排放低谷一般出现在夜间23：00—2：00。N_2O 的日通量与气温、各层土壤温度均表现出一定的正相关关系，而且有随着土壤深度的增加相关性递减的趋势。N_2O 通量的季节变异与气温以及各层土壤温度的相关关系不显著，与土壤含水量相关关系显著。施氮能够增加土壤 N_2O 的排放通量。2008 年观测的结果表明，低氮和高氮处理在一定程度上均能增加土壤 N_2O 的排放通量，但不同月份统计，差异显著性不同。2009 年的观测结果表明，高氮处理的土壤 N_2O 通量明显高于低氮处理和 CK 处理，而低氮处理和 CK 处理之间差异不显著。

（3）连续 2 年的观测结果表明，各个时期土壤 CH_4通量大致表现出相同的变化规律。高氮处理显著抑制了 CH_4的吸收，而低氮处理和 CK 之间差异不显著。6—9 月，高氮处理的 CH_4吸收通量比 CK 处理减少了 8%、23%、38.1%和 0%。CH_4日通量变化与大气温度和各层土壤温度之间没有显著的相关关系，但是 CH_4吸收通量与氮素添加速率之间没有显著的相关关系。

（4）连续 2 年的研究结果表明，不同施氮水平下土壤有机碳含量、无机碳含量之间均没有显著差异，施氮对内蒙古草甸草原表层土壤总有机碳的含量没有显著影响。对土壤中活性有机碳组分而言，第 1 年，施氮对土壤可溶性有机碳含量没有显著影响；第 2 年，与对照相比，高氮处理显著增加了土壤可溶性有机碳含量。

（5）本试验研究了不同氮肥类型及其不同氮肥水平下，土壤 NH_4^+-N 和 NO_3^--N 的变化情况。就土壤 NO_3^-的浓度而言，施入低量氮肥并没有引起土壤中硝态氮含量的增加，反而比 CK 处理土壤中的硝态氮含量更低。施入高量氮肥，除 $(NH_4)_2SO_4$处理和 KNO_3处理的个别月份会增加土壤的硝态氮含量外，NH_4Cl 处理反而降低了土壤中的硝态氮含量。就 NH_4^+的浓度而言，施入低量氮肥没有引起土壤中铵态氮含量的显著增加，KNO_3处理反而比 CK 处理土壤中的硝态氮含量更低。施入高量氮肥，$(NH_4)_2SO_4$、NH_4Cl 和 KNO_3 3 种肥料处理的土壤 NH_4^+含量与 CK 相比均无显著差异。所以，研究表明，高量 NH_4Cl 处理能够抑制土壤 NO_3^-的浓度，低量 KNO_3处理则能够抑制土壤NH_4^+的浓度。对土壤的净氮矿化速率而言，3种氮肥添加短期内均能降低土壤的净氮矿化速率，$(NH_4)_2SO_4$处理比NH_4Cl和KNO_3处理的降低效果更显著。然而，在未来氮沉降增加的背景下，无法预知土壤净氮矿化速率的变化。因此，长期的氮沉降对土壤氮素转化的影响以及复杂的生物化学抑制或促进作用需要进一步深入研究。

7.2 研究展望

我国是继欧洲、北美之后的第三大氮沉降区。近年来，我国生态学家对森林、农田和湿地生态系统的氮沉降的响应均进行了一些观测，初步开展了外源氮输入对典型生态系统碳动态影响的相关研究，但总体上研究还很零散、不够深入。首先，过去的研究多集中于森林和湿地生态系统，对草地生态系统的研究相对较少；其次，不同土壤有机碳组分在土壤中分解动态差异很大，并且各组分间具有复杂的转化关系，导致土壤碳动态对氮输入的响应存在很大的不确定性，而传统的方法（质量损失、CO_2通量等）又难以检测到其中微小的变化。再次，大气氮沉降对土壤呼吸的影响较为复杂，植物根系和微生物对外源氮输入均有不同的响应，所以准确分离根系自养呼吸、根际微生物呼吸和土壤有机质分解三者对土壤呼吸的贡献十分重要。另外，已有研究表明，通过碳酸盐的形成与沉淀固存碳具有较大的碳汇潜力（潘根兴，1999）。但我国目前对于无机碳在陆地碳转移中的意义及其在陆地生态系统碳截存中的地位还知之甚少。因此，本研究在有机碳研究的基础上，增加了土壤无机碳含量与草地碳排放关系的研究，虽然结果对于氮沉降的响应不明显，但在未来氮沉降增加的情况下，土壤无机碳的变化也值得我们关注。

综上所述，今后需要加强以下几个方面的研究。

（1）综合运用多种生态学和土壤学的研究方法，通过长期模拟氮沉降试验、同位素示踪、野外监测、室内分析等手段，定量研究大气氮沉降对陆地生态系统地上和地下植物残体分解动态的影响，估算氮沉降对土壤有机碳累积的贡献，揭示氮输入引起的土壤微生物量碳、氮转化过程的实质。

（2）利用新的技术手段和土壤有机碳分组方法，探讨土壤通过大气氮沉降新截存的碳在土壤中的迁移转化规律和累积过程，建立土壤有机碳储量动态与氮输入增加水平和持续时间之间的定量关系；区分土壤总呼吸的来源，探讨根系呼吸、根际微生物呼吸和土壤有机碳分解对氮输入的响应，揭示氮输入对土壤有机碳累积和损耗的机理。

（3）加强草地等薄弱生态系统的相关研究。我国的氮沉降研究主要集中在亚热带森林、农田与湿地生态系统，虽然针对草地生态系统土壤有机碳库也开展了大量研究，但多集中在放牧、农垦等人类活动以及土地利用方式变化等对草地土壤有机碳库的影响效应方面，涉及草地土壤有机碳库对大气自然氮沉降以及人为氮输入响应特征与响应机制的研究结果的报道仍然十分有限。为了更深入地了解人类活动带来的氮输入增加对整个陆地生态系统结构、功能的影响，预测由此引发的气候系统响应和环境状况变化，需要开展不同气候带多生态系统类型的野外对比研究。

（4）加强外源氮输入与其他多环境因子结合的综合影响效应研究。以往大量研究表明，生态系统碳库变化对各环境驱动因子的响应十分复杂，各环境因子间的交互作用普遍存在。随着对陆地生态系统碳库研究的不断深入，水分、温度、外源氮输入、土地利用变化等单因子要素的影响效应研究已不能真实地反映全球环境变化对土壤碳库的影响，综合多环境因子，开展多因子的耦合效应研究是准确评价与预测未来土壤碳库变化必不可少的数据基础。

（5）长期研究与短期研究相结合。通过长期试验认识氮代谢过程和生态系统对持续氮输入的响应，是清楚把握氮饱和过程和碳氮耦合的生物地球化学途径的关键，也是制定科学合理管理措施的基础。短期研究投入低且较易观察到快速响应，但结果的稳定性不强；长期研究（>10 年）结果稳定性高、可信度强，但工作量大、投入高，目前与短期试验相比，长期试验比例仍较低，因此要对碳氮循环过程及其机理有更透彻的认识，应注意长期与短期研究的充分有机结合。

（6）加强氮输入对土壤有机碳各组分影响效应的系统研究。目前国内外在研究氮输入对土壤有机碳的影响时大多只笼统地揭示其对土壤总有机碳的影响，但实际上土壤有机碳的各个组分对氮输入的响应机理和敏感程度并不一致，有必要将其区分开来，进一步加强对快速变化的活性碳组分的相关研究。

(7) 规范相关的研究方法。对氮沉降研究而言，针对不同的生态系统、不同因子采用的采样及分析方法差异较大，但迄今为止，还没有统一的标准来规范衡量这些研究方法，这导致研究结果多样，出现较大的不确定性，不同研究结果可比性差。因此，今后应致力于规范相关的研究方法，制定可量化的对比标准，尽可能地降低由于研究和分析方法不同带来的研究结果的误差。

参考文献

艾孜古丽·木拉提，同延安，杨宪龙，等.2012. 不同施肥对农田土壤有机碳及其组分的影响［J］. 土壤通报，43（6）：1 461-1466.

曹翠玲，李生秀.2004. 氮素形态对作物生理特性及生长的影响［J］. 华中农业大学学报，23（5）：581-586.

曹裕松，李志安，傅声雷，等.2006. 模拟氮沉降对鹤山3种人工林表土碳释放的影响［J］. 江西农业大学学报，28（1）：101-105.

陈秋凤.2006. 杉木人工林林木养分和凋落物分解对模拟氮沉降的响应［D］. 福州：福建农林大学.

樊恒文，贾晓红，张景光，等.2002. 干旱区土地退化与荒漠化对土壤碳循环的影响［J］. 中国沙漠，22（6）：525-533.

耿元波，董云社，孟维齐.2000. 陆地碳循环研究进展［J］. 地理科学进展，19（4）：297-306.

郭培国，陈建军，郑燕玲.1999. 氮素形态对烤烟光合特性影响的研究［J］. 植物学通报，16（3）：262-267.

郭盛磊，阎秀峰，白冰，等.2005. 落叶松幼苗光合特性对氮和磷缺乏的响应［J］. 应用生态学报，16（4）：589-594.

何亚婷，齐玉春，董云社，等.2010. 外源氮输入对草地土壤微生物特性影响的研究进展［J］. 地球科学进展，25（8）：877-885.

贾淑霞，王政权，梅莉，等.2007. 施肥对落叶松和水曲柳人工林土壤呼吸的影响［J］. 植物生态学报，31（3）：372-379.

李存东，董海荣，李金才.2003. 不同形态氮比例对棉花苗期光合作用及碳水化合物代谢的影响［J］. 棉花学报，15（2）：87-90.

李考学.2006. 氮沉降对凋落物分解早期碳氮周转的影响［D］. 哈尔

滨：东北林业大学.

李卫民，周凌云.2004. 水肥（氮）对小麦生理生态的影响（Ⅰ）水肥（氮）条件对小麦光合蒸腾与水分利用的影响［J］. 土壤通报，35（2）：136-142.

廖利平，高洪，汪思龙，等.2000. 外加氮源对杉木叶凋落物分解及土壤养分淋失的影响［J］. 植物生态学报，24（1）：34-39.

鲁显楷，莫江明，李德军，等.2007. 鼎湖山主要林下层植物光合生理特性对模拟氮沉降的响应［J］. 北京林业大学学报，29（6）：1-9.

潘根兴.1999. 中国干旱性地区土壤发生性碳酸盐及其在陆地系统碳转移上的意义［J］. 南京农业大学学报（1）：51-57.

彭琴，董云社，齐玉春.2008. 氮输入对陆地生态系统碳循环关键过程的影响［J］. 地球科学进展，23（8）：874-883.

涂利华，胡庭兴，张健，等.2010. 模拟氮沉降对华西雨屏区慈竹林土壤活性有机碳库和根生物量的影响［J］. 生态学报，30（9）：2 286-2 294.

王长庭，王根绪，刘伟，等.2013. 施肥梯度对高寒草甸群落结构、功能和土壤质量的影响［J］. 生态学报，33（10）：3 103-3 113.

王贺正，张均，吴金芝，等.2013. 不同氮素水平对小麦旗叶生理特性和产量的影响［J］. 草业学报，22（4）：69-75.

王晖，莫江明，鲁显楷，等.2008. 南亚热带森林土壤微生物量碳对氮沉降的响应［J］. 生态学报，28（2）：470-478.

王清奎，汪思龙，冯宗炜，等.2005. 土壤活性有机质及其与土壤质量的关系［J］. 生态学报，25（3）：513-519.

王岩，沈其荣，史瑞和，等.1998. 有机、无机肥料施用后土壤生物量C、N、P的变化及N素转化［J］. 土壤学报，35（2）：227-234.

吴金水，林启美，黄巧云，等.2006. 土壤微生物生物量及其应用［M］. 北京：气象出版社：54-61.

项文化，闫文德，田大伦，等.2005. 外加氮源及林下植物叶混合对杉木林针叶分解和养分释放的影响［J］. 林业科学，41（6）：1-6.

肖凯，张树华，邹定辉，等. 2000. 不同形态氮素营养对小麦光合特性的影响［J］. 作物学报，26（1）：53-58.

肖胜生. 2010. 温带半干旱草地生态系统碳固定及土壤有机碳库对外源氮输入的响应［D］. 北京：中国科学院地理科学与资源研究所.

徐克章. 1995. 水稻开花后叶片含氮量与光合作用的动态变化及其关系［J］. 作物学报，21（2）：171-175.

许振柱，周广胜. 2007. 全球变化下植物的碳氮关系及其环境调节研究进展——从分子到生态系统［J］. 植物生态学报，31（4）：738-747.

俞元春，李淑芬. 2003. 江苏下蜀林区土壤溶解有机碳与土壤因子的关系［J］. 土壤学报，35（5）：424-428.

张丽华，宋长春，王德宣，等. 2006. 氮输入对陆地生态系统碳库的影响研究进展［J］. 土壤通报，37（2）：356-361.

周涛，史培军. 2006. 土地利用变化对中国土壤有机碳储量变化的间接影响［J］. 地球科学进展，21（2）：138-143.

朱志建，姜培坤，徐秋芳. 2006. 不同森林植被下土壤微生物量碳和易氧化态碳的比较［J］. 林业科学研究，19（4）：523-526.

Biederbeck B O，Zentner R P. 1994. Labile soil organic matter as influenced by cropping practices in an arid environment［J］. Soil biology and biochemistry，26（12）：1 647-1 656.

Currey P M，Johnson D，Sheppard L J，et al. 2010. Turnover of labile and recalcitrant soil carbon differ in response to nitrate and ammonium deposition in an ombrotrophic peatland［J］. Global Change Biol，16：2 307-2 321.

McLain J E T，Kepler T B，Ahmann D M. 2002. Belowground factors mediating changes in methane consumption in a forest soil under elevated CO_2［J］. Global Biogeochemical Cycles，16：1 050.

Aber J D，M agill A H. 2004. Chronic nitrogen additions at the Harvard Forest：The first 15 years of a nitrogen saturation experiment［J］. Forest

Ecol Manag, 196: 1-5.

Aber J D. 1992. Nitrogen cycling and nitrogen saturation in temperate forest ecosystems [J]. Trends in Ecology and Evolution, 7, 220-223.

Allen A G, Javis S C, Headon D M. 1996. Nitrous oxide emissions from soils due to inputs of nitrogen from excreta return by livestock on grazed grassland in the UK [J]. Soil Biology and Biochemistry, 28: 597-607.

Ambus P, Robertson G P. 2006. The effect of increased n deposition on nitrous oxide, methane and carbon dioxide fluxes from unmanaged forest and grassland communities in Michigan [J]. Biogeochemistry, 79 (3): 315-337.

Amthor J S. 1989. Respiration and Crop Productivity [D]. New York: Springer US.

Anderson I C, Levino J S. 1986. Relative rates of nitric oxide and nitrous oxide production by nitrifiers, denitrifiers and nitrate respirers [J]. Applied Environment Microbiology, 51: 938-945.

Anten N P R, Schieving F, Werger M J A. 1995. Patterns of light and nitrogen distribution in relation to whole canopy carbon gain in C_3 and C_4 mono~and dicotyledonous species [J]. Oecologia, 101: 504-513.

Anten N P R, Werger M J A, Medina E. 1998. Nitrogen distribution and leaf area indices in relation to photosynthetic nitrogen use efficiency in savanna grasses [J]. Plant Ecology, 138: 63-75.

Aronson E L, Helliker B R. 2010. Methane flux in non-wetland soils in response to nitrogen addition: a meta - analysis [J]. Ecology, 91: 3 242-3 251.

Bangor, Evans J R. 1996. Developmental constraints on photosynthesis: Effects of light and nutrition [C] //Baker N R, ed. Photosynthesis and the Environment. Drodrecht: Kluwer Academic Publishers, 281-304.

Bardgett R D, Leemans D K. 1995. The short term effects of cessation of fertilizer app lications, liming, and grazing on microbial bio-mass and activity in a reseeded up land grassland soil [J]. Biology and Fertility of Soils, 19 (2/3): 148-154.

Bardgett R D, Lovell R D, Hobbs P J, et al. 1999a. Seasonal changes in soil microbial communities along a fertility gradient of temperate grasslands [J]. Soil Biol Biochem, 131: 1 021-1 030.

Bardgett RD, Mawdsley J L, Edwards S, et al. 1999b. Plant species and nitrogen effects on soil biological properties of temperate upland grasslands [J]. Funct Ecol, 13: 650-660.

Bauer G A, Bazzaz F A, Minocha R, et al. 2004. Effects of chronic N additions on tissue chemistry, photosynthetic capacity, and carbon sequestration potential of a red pine (*Pinus resinosa A it.*) stand in the NE United States [J]. Forest Ecology and Management, 196: 173-186.

Bekele A, TiarksA E. 2003. Response of densely stocked loblolly pine (*Pinus taeda* L) to app lied nitrogen and phosphorus [J]. Southern Journal of Applied Forestry, 27 (3): 181-190.

Berg B, Matzner E. 1997. Effects of N deposition on decomposition of plant litter and soil organic matter in forest systems [J]. Environmental Reviews, 5: 1-25.

Borken W, Brumme R. 2009. Methane uptake by temperate forest soils. Functioning and Management of European Beech Ecosystems [J]. Ecological Studies, 208: 369-385.

Bouwman A F, Vanderhoek K W, Oliver J G J. 1995. Uncertainty in the global source distribution of nitrous oxide [J]. Journal of Geophysical Research, 100: 2 785-2 800.

Bouwman A F. 1990. Exchange of greenhouse gases between terrestrial ecosystems and the atmosphere [J]. John Wilep and Sons, 60-66.

Bouwman A F. 1998. Nitrogen oxides and tropical agriculture [J]. Nature, 392: 866-867.

Bowden R D, Davidson E, Savage K, et al. 2004. Chronic nitrogen additions reduce total soil respiration and microbial respiration in temperate forest soils at the Harvard Forest [J]. Forest Ecology and Management, 196: 43-56.

Bradley K, Drijber R A, Knops J. 2006. Increased N availability in grassland soils modifies their microbial communities and decreases the abundance of arbuscular mycorrhizal fungi [J]. Soil Biolog and Biogeochemistry, 38: 1 583-1 595.

Bronson K F, Mosier A R. 1994. Suppression of methane oxidation in aerobic soil by nitrogen fertilizers, nitrification inhibitors, and urease inhibitors [J]. Biol Fert Soil, 17: 263-268.

Brown K R, Thompson W A, Camm E L, et al. 1996. Effects of N addition rates on the productivity of *Picea sitchensis*, *Thuja plicata*, and *Tsuga heterophylla* seedlings. Ⅱ. Photosynthesis, 13C discrimination and N partitioning in foliage [J]. Trees, 10: 198-205.

Cai Z C, Xu H, Ma J. 2009. Methane and Nitrous Oxide from Rice-Based Ecosystems [D]. Hefei: University of Science and Technology of China Press.

Cao G M, Xu X L, Long R J, et al. 2008. Methane emissions by alpine plant communities in the Qinghai - Tibet Plateau [J]. Biol Lett. 4: 681-684.

Carreiro M M, Sinsabaugh R L, Repert D A, et al. 2000. Microbial enzyme shifts explain litter decay responses to simulated nitrogen deposition [J]. Ecology, 81: 2 359-2 365.

Castro M S, Steudler P A, Melillo J M, et al. 1995. Factors controlling atmospheric methane consumption by temperate forest soils [J]. Global Biogeochemistry Cycle, 9: 1-10.

Ceschia E, Damesin C, Lebaube S, et al. 2002. Spatial and seasonal variations in stem respiration of beech trees (*Fagus sylvatica*) [J]. Annals of Forest Science, 59: 801-812.

Chan A S, Steudler P A. 2006. Carbon monoxide uptake kinetics in unamended and long-term nitrogen-amended temperate forest soils [J]. FEMS Microbiol Ecol, 57: 343-354.

Chapuis Lardy L, Wrage N, Metay A, et al. 2007. Soils, a sink for N_2O? [J]. Glob Change Biol, 13: 1-17.

Chen Y R, Borken W, Stange C F, et al. 2011. Effects of decreasing water potential on gross ammonification and nitrification in an acid coniferous forest soil [J]. Soil Biol Biochem, 43 (2): 333-338.

Christensen B T, Johnston A E. 1997. Soil organic matter and soil quality-lessons learned from long term experiments at Askov and Rothamsted. Gregorich E G, Carter M R (Eds), Soil Quality for Crop Production and Ecosystem Health [J]. In: Amsterdam, Elsevier, 399-430.

Clark C M, Tilman D. 2008. Loss of plant species after chronic low level nitrogen deposition to prairie grasslands [J]. Nature, 451: 712.

Cole C V, Elliott E Y, Hunt H W, et al. 1978. Trophic interactions in soils as they affect energy and nutrient dynamics V. Phosphorus transformations [J]. Microbial Ecology, 4: 381-387.

Conant R T, Paustian K, Elliott E T. 2001. Grassland management and conversion into grassland: Effects on soil carbon [J]. Ecological Applications, 11 (2): 343-355.

Conrad R. 1996. Soil microorganisms as controllers of atmospheric trace gases (H_2, CO, OCS, N_2O and NO) [J]. Microbiological Reviews, 60: 609.

Currie W S, Abert J D, Mc Dowell W H, et al. 1996. Vertical transport of dissolved organic C and N under long-term N amendments in pine and hardwood forests [J]. Biogeochemistry, 35, 471-505.

Curry C L. 2007. Modeling the soil consumption of atmospheric methane at the global scale [J]. Global Biogeochemical Cycles, 21 (4): 5 671-5 674.

Daepp M, Suter D, Almeida J P F, et al. 2000. Yield response of lolium perenne swards to free air and CO_2 enrichment increased over six years in high N input system on fertile soil [J]. Global Change Biology, 6: 805-816.

Davidson E A, Ishida F Y, Nepstad D C. 2004. Effects of an experimental drought on soil emissions of carbon dioxide, methane, nitrous oxide, and nitric oxide in a moist tropical forest [J]. Global Change Biology, 10 (5): 718-730.

Davidson E A, Janssens I V, Luo Y Q. 2006. On the variability of respiration in terrestrial ecosystems: moving beyond Q_{10} [J]. Global Change Biology, 12: 154-164.

Davidson E A, Nepstad D C, Ishida F Y, et al. 2008. Effects of an experimental drought and recovery on soil emissions of carbon dioxide, methane, nitrous oxid, and nitric oxide in a moist tropical forest [J]. Global Change Biology, 14 (11): 2 582-2 590.

Davidson E A. 1992. Sources of nitric-oxide and nitrous-oxide following wetting of dry soil [J]. Soil Sci Soc Am J, 56: 95-102.

De Jong T M. 1989. Partitioning of leaf nitrogen with respect to within canopy light exposure and nitrogen availability in peach [J]. Trees, 3: 89-95.

De Neergaard A, Hauggard Nielsen H, Jenson L S, et al. 2002. Decomposition of white clover (Trifolium repens) and ryegrass (Lolium perenne) component: C and N dynamics simulated with the DAISY soil organic matter submodel [J]. European Journal of Agronomy, 16, 43-55.

Delgado J A, Mosier A R. 1999. Mitigation alternatives to decrease nitrous oxides emissions and urea-nitrogen loss and their effect on methane flux [J]. Journal of Environmental Quality, 25 (6): 1 105-1 111.

Dickinson R E, Berry J A, Bonan G B, et al. 2002. Nitrogen Controls on climate model evapotranspiration [J]. Journal of Climate, 15: 278-

295.

Dutaur L, Verchot L V. 2007. A global inventory of the soil CH_4 sink [J]. Global Biogeochemical Cycles, 21 (4): 7 949-7 950.

Emmerich W E. 2003. Carbon dioxide fluxes in a semiarid environment with high carbonate soils [J]. Agricultural and Forest Meteorology, 116: 91-102.

Emmett B A, Gordon C, Williams D L, et al. 2001. Grazing/nitrogen Deposition Interactions in Up land Acid Grassland [R]. Report to the UK Department of the Environment, Transport and the Regions, Centre for Ecology and Hydrology.

Evans J R. 1983. Nitrogen and photosynthesis in the flag leaf of wheat (*Triticum aestivum* L.) [J]. Plant Physiology, 72: 297-302.

Evans J R. Photosynthesis and nitrogen relationships in leaves of C_3 plants [J]. Oecologia, 1989, 78: 9-19.

Fang H J, Yu G R, Cheng S L, et al. 2010. Effects of multiple environmental factors on CO_2 emission and CH4 uptake from old-growth forest soils [J]. Biogeosciences, 7: 395-407.

Fang H, Cheng S, Yu G, et al. 2014. Low-level nitrogen deposition significantly inhibits methane uptake from an alpine meadow soil on the Qinghai-Tibetan Plateau [J]. Geoderma, 213: 444-452.

Fang J, Liu S, Zhao K. 1998. Factors affecting soil respiration in reference with temperature's role in the globe scale [J]. Chinese geographical science, 8 (3): 246-255.

Field C, Mooney H A. 1986. The photosynthesis - nitrogen relationship in wild plants [J]. On the Economy of Plant Form and Function: Sixth, 25-55.

Filippa G, Freppaz M, Williams M W, et al. 2009. Winter and summer nitrous oxide and nitrogen oxides fluxes from a seasonally snow-covered subalpine meadow at Niwot Ridge, Colorado [J]. Biogeochemistry, 95:

131-149.

Fisk M C, Fahey T J. 2001. Microbial biomass and nitrogen cycling responses to fertilization and litter removal in young northern hardwood forests [J]. Biogeochemistry, 53 (2): 201-223.

Fog K. 1988. The effect of added nitrogen on rate of decomposition of organic matter [J]. Biological Reviews, 63, 433-462.

Gallardo A, Schlesinger W H. 1994. Factors limiting microbial biomass in the mineral soil and forest floor of a warm temperate forest [J]. Soil Biology and Biochemistry, 26: 1 409-1 415.

Galloway J N, Aber J D, Erisman J W, et al. 2003. The nitrogen cascade [J]. Bioscience, 53 (4): 341-356.

Galloway J N, Levy H H, Kasibhatla P S. 1994. Year 2020: Consequences of population growth and development on deposition of oxidized nitrogen [J]. AMBIO, 23 (2): 120-123.

Ghani A, Dexter M, Perrott K W. 2003. Hot-water extractable carbon in soils: A sensitive measurement for determining impacts of fertilizatio, grazing and cultivation [J]. Soil Biol Biochem, 35: 1 231-1 243.

Guggenberger G, Zech W. 1993. Dissolved organic carbon controls in acid forest soils of the Fichtelgebirge (Germany) as revealed by distribution patterns and structural composition analyses [J]. Geodema, 59, 109-129.

Guggenberger G. 1994. Acidification effects on dissolved organic matter mobility in spruce forest edosystems [J]. Environmental International, 20, 31-41.

Gundersen P, Emmett B A, KjonaasO J, et al. 1998. Impact of nitrogen deposition on nitrogen cycling in forests: A synthesis of NIT-REX data [J]. Forest Ecology and Management, 101 (1/3): 37-56.

Gundersen P. 1998. Effects of enhanced nitrogen deposition in a spruce forest at Klosterhede, Denmark, examined by moderate NH_4NO_3 addition [J].

Forest Ecol Manag, 101: 251-268.

Hagedom F, Blaser P, Siegwolf R. 2002. Elevated atmospheric CO_2 and increased N deposition effects on dissolved organic carbon—clues from C signature [J]. Soil Biology and Biochemistry, 34, 355-366.

Hagedorn F, Spinnler D, Siegwolf R. 2003. Increased N deposition retards mineralization of old soil organic matter [J]. Soil Biology and Biochemistry, 35 (12): 1 683-1 692.

Hart S C, Stark J M. 1997. Nitrogen limitation of themicrobial biomass in an old-growth forest soil [J]. Ecoscience, 4 (1): 91-98.

Hatch D J, Jarvis S C, Parkinson R J, et al. 2000. Combining field incubation with nitrogen-15 labeling to examine nitrogen transformations in low to high intensity grassland management systems [J]. Biol Fertil Soils, 30: 492-499.

HaynesB E, Gower S T. 1995. Belowground carbon allocation in unfertilized and fertilized red pine plantations in northern Wisconsin [J]. Tree Physiology, 15: 317-325.

Henriksen T M, Breland T A. 1999. Nitrogen availability effects on carbon mineralization, fungal and bacterial growth, and enzyme activities during decomposition of wheat straw in soil [J]. Soil Biology and Biochemistry, 31 (8): 1 121-1 134.

Hessen D O, Gren G I, Anerson T R, et al. 2004. Carbon sequestration in ecosystems: The role of stoichiometry [J]. Ecology, 85 (5): 1 179-1 192.

Hikosaka K. 2004. Interspecific difference in the photosynthesis2nitrogen relationship: Patterns, physiological causes, and ecological importance [J]. Journal of Plant Research, 117 (6): 481-494.

Holland E A, Dentene F J R, Braswell B H, et al. 1999. Contemporary and pre - industrial global reactive nitrogen budgets [J]. Biogeochemistry, 46: 7-43.

Houghton J T, et al. 2001. Climate Change 2001: The Scientific Basis [M].New York: Cambridge University Press.

Houghton R A. 2002. Terrestrial carbon sinks-Uncertain explanations [J]. Biologist, 49 (4): 155-160.

Högberg P, Fan H B, Quist M, et al. 2006. Tree growth and soil acidification in response to 30 years of experimental nitrogen loading on boreal forest [J]. Global Change Biology, 12: 489-499.

Insam H, Parkinson D, Domsch K H. 1989. Influence of macroclimate on soil microbial biomass [J]. Soil Biology and Biochemstry, 21: 211-221.

IPCC. 2001. Climate Change: The Scientific Basic [M]. Contribution of Working Group Ⅰ to the Third Assessment Report of the International Panel on Climate Change. Cambridge: Cambridge University press.

IPCC. Impacts, Adaptation and Vulnerability [M]. 2007. Contribution of Working Group II to the Fourth Assessment Report of the Intergovernmental Panel on Climate Change. Cambridge: Cambridge University Press.

Jang I, Lee S, Zoh K D, et al. 2011. Methane concentrations and methanotrophic community structure influence the response of soil methane oxidation to nitrogen content in a temperate forest [J]. Soil Biol Biochem. 43: 620-627.

Jiang C, Yu G, Fang H, et al. 2010. Short - term effect of increasing nitrogen deposition on CO_2, $CH_4$and N_2O fluxes in an alpine meadow on the Qinghai-Tibetan Plateau, China [J]. Atmos Environ, 44: 2 920-2 926.

Jones S K, Rees R M, Kosmas D, et al. 2006. Carbon sequestration in a temperate grassland; management and climatic controls [J]. Soil Use and Management, 22 (2): 132-142.

Kaye J P, Hart S C. 1997. Competition for nitrogen between plants and soil microorganisms [J]. Trends in Ecology and Evolution, 12: 139–143.

Kellman L, Kavanaugh K. 2008. Nitrous oxide dynamics in managed northern forest soil profiles: is production offset by consumption? [J]. Biogeochem, 90: 115–128.

Killham K. 1994. Soil Ecology. 1st ed [M]. Cambridge: Cambridge University Press.

Kim Y S, Imori M, Watanabe M, et al. 2012. Simulated nitrogen inputs influence methane and nitrous oxide fluxes from a young larch plantation in northern Japan [J]. Atmos Environ, 46: 36–44.

Klein J A, Harte J, Zhao X Q. 2007. Experimental warming, not grazing, decreases rangeland quality on the Tibetan Plateau [J]. Ecological Applications, 17 (2): 541–557.

Knops J M H, Reinhart K. 2000. Specific leaf area along a nitrogen fertilization gradient [J]. American Midland Naturalist, 144, (2): 265–272.

Kou T J, Zhu J G, Xie Z B, et al. 2007. Effect of elevated atmospheric CO_2 concentration on soil and root respiration in winter wheat by using a respiration partitioning chamber [J]. Plant and Soil, 299: 237–249.

Kuers K, Steinbeck K. 1998. Leaf area dynamics in Liquidambar styraciflua sap lings: Responses to nitrogen fertilization [J]. Canadian Journal of Forest Research, 28 (11): 1 660–1 670.

Lafleur P M, Humphreys E R. 2008. Spring warming and carbon dioxide exchange over low Arctic tundra in central Canada [J]. Global Change Biology, 14 (4): 740–756.

Lal R. 2001. Potential of desertification control to sequester carbon and mitigate the greenhouse effect [J]. Climatic Change, 51: 35–72.

Lal R. 2003. Carbon Sequestration in Dryland Ecosystems [J]. Environmental Management, 33 (4): 528–544.

Le Mer J, Roger P. 2001. Production, oxidation, emission and consumption of methane by soils: a review [J]. European Journal of Soil Biology, 37

(1): 25-50.

Lee K H, Jose S. 2003. Soil respiration, fine root production, and microbial biomass in cotton wood and loblolly pine plantations along a nitrogen fertilization gradient [J]. Forest Ecology and Management, 185 (3): 263-273.

Leuenberger M, Siegenthaler U. 1992. Ice age atmospheric concentration of nitrous oxide from an antarctic ice core [J]. Nature, 360: 449-451.

Li Y, Liu Y H, Wang Y L, et al. 2014. Interactive effects of soil temperature and moisture on soil N mineralization in a Stipa krylovii grassland in Inner Mongolia, China [J]. J Arid Land, 6 (5): 571-580.

Liebig M A, Kronberg S L, Gross J R. 2008. Effects of normal and altered cattle urine on short-term greenhouse gas flux from mixed-grass prairie in the Northern Great Plains [J]. Agr Ecosyst Environ, 125: 57-64.

Lin X W, Wang S P, Ma X Z, et al. 2009. Fluxes of CO_2, CH_4, and N_2O in an alpine meadow affected by yak excreta on the Qinghai-Tibetan plateau during summer grazing periods [J]. Soil Biol Biochem, 41: 718-725.

Liu W X, Xu W H, Han Y, et al. 2007. Responses of microbial biomass and respiration of soil to topography, burning, and nitrogen fertilization in a temperate steppe [J]. Biol Fertil Soils, 44: 259-268.

Liu X J, Zhang Y, Han WX, et al. 2013. Enhanced nitrogen deposition over China [J]. Nature, 494: 459-463.

Liu X R, Dong Y S, Qi Y C, et al. 2010a. N_2O fluxes from the native and grazed semi-arid steppes and their driving factors in Inner Mongolia, China [J]. Nutr Cycl Agroecosys, 86: 231-240.

Liu X R, Dong Y S, Ren J Q, et al. 2010b. Drivers of soil net nitrogen mineralization in the temperate grasslands in Inner Mongolia, China [J]. Nutr Cycl Agroecosys, 87: 59-69.

Luo G J, Kiese R, Wolf B, et al. 2013. Effects of soil temperature and moisture on methane uptakes and nitrous oxide emissions across three different ecosystem types [J]. Biogeosciences, 10: 3 205-3 219.

Luo Y Q, Currie W S, Dukes J S, et al. 2004. Progressive nitrogen limitation of ecosystem responses to rising atmospheric carbon dioxide [J]. Bioscience, 54 (8): 731-739.

Maag M, Vinther F P. 1996. Nitrous oxide emission by nitrification and denitrification in different soil types and at different soil moisture contents and temperatures [J]. Appl Soil Ecol, 4: 5-14.

Mack M C, Schuur E A G, Bret Harte M S. 2004. Ecosystem carbon storage in arctic tundra reduced by long term nutrient fertilization [J]. Nature, 431: 440-443.

Magill A H, Aber J D, Berntson G M, et al. 2000. Long term nitrogen additions and nitrogen saturation in two temperate forests [J]. Ecosystems, 3: 238-253.

Magill A H, Aber J D, Hendrlcks J J, et al. 1997. Biogeochemical response of forest ecosystems to simulated chronic nitrogen deposition [J]. Ecological Applications, 7: 402-415.

Magill A H, Aber J D. 1998. Long-term effects of experiment nitrogen additions on foliar litter decay and humus formation in forest ecosystems [J]. Plant and Soil, 203, 301-311.

Magill A H, Aber J D. 2000. Dissolved organic carbon and nitrogen relationships in forest litter as affectec by nitrogen deposition [J]. Soil Biology and Biochemistry, 32, 603-613.

Majeed M Z, Miambi E, Robert A, et al. 2012. Xylophagous termites: A potential sink for atmospheric nitrous oxide [J]. Eur J Soil Biol, 53: 121-125.

Malhi S S, Harapiak J T, Nyborg M, et al. 2003. Total and light fraction organic C in a thin Black Chernozemic grassland soil as affected by 27 annual applications of six rates of fertilizer N [J]. Nutrient Cycling in Agroecosystems, 66 (1): 33-41.

Maljanen M, Jokinen H, Saari A, et al. 2006. Methane and nitrous oxide fluxes, and carbon dioxide production in boreal forest soil fertilized with wood ash and nitrogen [J]. Soil Use Manage, 22: 151-157.

Markus D, Daniel S, Almeida JP, et al. 2000. Yield response of Lolium perenne swards to free air and CO_2 enrichment increased over six years in high N input system on fertile soil [J]. Global Change Biology, 6: 805-816.

Matson P A, Lohse K A, Hall S J. 2002. The Globalization of nitrogen deposition: consequences for terrestrial ecosystems [J]. Ambio, 31 (2): 113-118.

Mc Dowell W H, Currie W S, et al. 1998. Effects of chronic nitrogen amendments on production of dissolved organic carbon and nitrogen in forest soils [J]. Water, Air and Soil pollution, 105: 175-182.

Menyailo O V, Hungate B A, Abraham W R, et al. 2008. Changing land use reduces soil CH_4 uptake by altering biomass and activity but not composition of high-affinity methanotrophs [J]. Global Change Biology, 14 (10): 2 405-2 419.

Michel K, Matzner E. 2002. Nitrogen content of forest floor Qa Layers affects carbon pathways and nitrogen mineralization [J]. Soil Biology and Biochemistry, 34: 1 807-1 813.

Micks P, Aber J D, Boone R D, et al. 2004. Short term soil respiration and nitrogen immobilization response to nitrogen applications in control and nitrogen enriched temperate forests [J]. Forest Ecology and Management, 196 (1): 57-70.

Min K, Kang H, Lee D. 2011. Effects of ammonium and nitrate additions on carbon mineralization in wetland soils [J]. Soil Biol Biochem, 43: 2 461-2 469.

Mo J, Zhang W, Zhu W, et al. 2008. Nitrogen addition reduces soil respiration in amature tropical forest in southern China [J]. Global Change Biology, 14: 1-10.

Mooney H, Vitousek P M, Matson P A. 1987. Exchange of materials between terrestrial ecosystems and the atmosphere [J]. Science, 238: 926-932.

Mosier A R, Parton W J, Phongpan S. 1998. Long-term large N and immediate small N addition effects on trace gas fluxes in the Colorado shortgrass steppe [J]. Biol Fert Soils, 28: 44-50.

Mosier A R, Parton W J, Valentine D W, et al. 1996. CH_4 and N_2O Fluxes in the Colorado shortgrass steppe 1: Impact of landscape and nitrogen addition [J]. Global Biogeochemistry Cycle, 10: 387-399.

Muhr J, Goldberg S D, Borken W, et al. 2008. Repeated drying-rewetting cycles and their effects on the emission of CO_2, N_2O, NO, and CH_4 in a forest soil [J]. J Plant Nutr Soil Sci, 171: 719-728.

Nadelhoffer K J, Emmett B A, Gunderson P, et al. 1999. Nitrogen deposition makes a minor contribution to carbon sequestration in temperate forests [J]. Nature, 398: 145-148.

Nakaji T, FukamiM, Dokiya Y, et al. 2001. Effects of high nitrogen load on growth, photosynthesis and nutrient status of Cryptom eria japonica and Pinus densiflora seedlings [J]. Trees Structure and Function, 15 (8): 453-461.

Neff J C, Townsend A R, Gleixner G, et al. 2002. Variable effects of nitrogen additions on the stability and turnover of soil carbon [J]. Nature, 419 (6 910): 915-917.

Nilson L O, Wiklund K. 1995. Inderect effects of N and S deposition on a Norway spruce ecosystem: An update of findings within the Storage projects [J]. Water Air and Soil pollution, 85: 1 613-1 622.

Niu S, Wu M, Han Y, et al. 2008. Water dominates ecosystem carbon and water fluxes and their responses to climatic warming and increased precipitation in a temperate steppe of northern China [J]. New Phytologist, 177: 209-219.

Niu S, Yang H, Zhang Z, et al. 2009. Non-additive effects of water and nitrogen addition on ecosystem carbon exchange in a temperate steppe [J]. Ecosystems, 12: 915-926.

Nyerges G, Stein L Y. 2009. Ammonia cometabolism and product inhibition vary considerably among species of methanotrophic bacteria [J]. FEMS Microbiol Lett, 297: 131-136.

P V Dasselaar, M L V Beusichem, O Oenema. 1998. Effects of soil moisture content and temperature on methane uptake by grassland on sandy soils [J]. Plant and Soil, 204: 213-222.

Pautian K, Andrén O, Clarhom M, et al. 1990. Carbon and nitrogen budgets of four agroecosystemswith annual and perennial crops, with and without N fertilization [J]. Applied Ecology, 27: 60-84.

Peng Q, Qi Y C, Dong Y S, et al. 2011. Soil nitrous oxide emissions from a typical semiarid temperate steppe in Inner Mongolia: effects of mineral nitrogen fertilizer levels and forms [J]. Plant and Soil, 342: 345-357.

Poorter H, Evans J R. 1998. Photosynthetic nitrogen use efficiency of species that differ inherently in specific leaf area [J]. Oecologia, 116: 26-37.

Raich J W, Potter C S. 1995. Global patterns of carbon dioxide emissions from soils [J]. Global Biogeochemistry Cycles, 9: 23-36.

Raich J W, Schlesinger W H. 1992. The global carbon dioxide flux in soil respiration and its relationship to vegetation and climate [J]. Tellus, 44B: 81-99.

Reay D S, Nedwell D B. 2004. Methane oxidation in temperate soils: effects of inorganic N [J]. Soil Biol Biochem, 36: 2 059-2 065.

Rijkers T, Vries P J, Pons T L, et al. 2000. Photosynthetic induction in saplings of three shades to lerant tree species: Comparing understorey and gap habitats in a French Guiana rain forest [J]. Occologia, 125: 331-340.

Rosati A, Esparza G, DeJong T M, et al. 1999. Influence of canopy light environment and nitrogen availability on leaf photosynthetic characteristics and photosynthetic nitrogen use efficiency of field grown nectarine trees [J]. Tree Physiology, 19 (3): 173-180.

Rosenkranz P, Br¨ggemann N, Papen H, et al. 2006. N_2O, NO and CH_4 exchange, and microbial N turnover over a Mediterranean pine forest soil [J]. Biogeosciences, 3: 121-133.

Rudaz A O, Wälti E, Kyburz G, et al. 1999. Temporal variation in N_2O and N_2 fluxes from a permanent pasture in Switzerland in relation to management, soil water content and soil temperature [J]. Agriculture, Ecosystem and Environment, 73: 83-91.

Saggar S, Tate K R, Giltrap D L, et al. 2008. Soil-atmosphere exchange of nitrous oxide and methane in New Zealand terrestrial ecosystems and their mitigation options: a review [J]. Plant and Soil, 309 (1/2): 25-42.

Saiya-Cork K R, Sinsabaugh R L, Zak D R. 2002. The effects of long term nitrogen deposition on extracellular enzyme activity in an Acer saccharum forest soil [J]. Soil Biology and Biochemistry, 34 (9): 1 309-1 315.

Sarathchandra S U, Perrott K W, Boase M R, et al. 1988. seasonal changes and the effects of fertilizer on some chemical, biochemical and microbiological characteristics of high - producing pastoral soil [J]. Biology and Fertility of Soils, 6 (4): 328-335.

Sjöberg G, Bergkvist B, Berggren D, et al. 2003. Nilsson long-term N addition effects on the C mineralization and DOC production in morhumus under spruce [J]. Soil Biology and Biochemistry, 35: 1 305-1 315.

Soussana J F, Loiseau P, Vuichard N, et al. 2004. Carbon cycling and sequestration opportunities in temperate grasslands [J]. Soil Use and Management, 20: 219-230.

Stitt M. 1996. Metabolic regulation of photosynthesis [J]. Springer Netherlands, 5 (3): 151-190

Terashima I, Evans J R. 1988. Effects of light and nitrogen nutrition on the organization of the photosynthetic apparatus in Sp inach [J]. Plant Cell Physiology, 29 (1): 143-155.

Thirukkumaran C M, Parkinson D. 2000. Microbial respiration, biomass, metabolic quotient and litter decomposition in a lodgepole pine forest amended with nitrogen and phosphorous fertilizers [J]. Soil Biology and Biochemistry, 32: 59-66.

Thompson W A, Wheeler A M. 1992. Photosynthesis by nature needles of field grown Pinus radiata [J]. Forest Ecology and Management, 52: 225-242.

Throop H, Holland E, Parton W, et al. 2004. Effects of nitrogen deposition and insect herbivory on patterns of ecosystem-level carbon and nitrogen dynamics: results from the CUNTURY model [J]. Global Change Biol, 10: 1 092-1 105.

Tietema A, Emmett B A, Gundersen P, et al. 1998. The fate of 15N-labelled nitrogen deposition in coniferous forest ecosystem [J]. Forest Ecol Manag, 101: 19-27.

Treseder K. 2008. Nitrogen additions and microbial biomass: a meta-analysis of ecosystem studies [J]. Ecol Lett, 11: 1 111-1 120.

Unlu K, Ozenirler G, Yurteri C. 1999, Nitrogen fertilizer leaching from cropped and irrigated sandy soil in central Turkey [J]. European Journal of Soil Science, 50 (4): 609-620.

Velthof G L, Van Beusichem M L, Oenema O, 1998. Mitigation of nitrous oxide emission from dairy farming systems [J]. Environmental Pollution, 102: 173-178.

Verchot L V, Davidson E A, Cattânio J H, et al. 1999. Land use change and biogeochemical controls of nitrogen oxide emission from soils in eastern Amazonia [J]. Global Biogeochemistry Cycles, 13: 31-46.

Vestgarden L S, Kjnaas O J. 2003. Potential nitrogen transformations in mineral soils of two coniferous forests exposed to different N inputs [J]. Forestry Ecology and Management, 174: 191-202.

Vieten B, Conen F, Seth B, Alewell C. 2008. The fate of N_2O consumed in soils [J]. Biogeosciences, 5: 129-132.

Vincent G. 2001. Leaf photosynthetic capacity and nitrogen content adjustment to canopy openness in trop ical forest tree seedlings [J]. Journal of Tropical Ecology, 17: 495-509.

Vitousek PM, Hattenschwiler S, Olander L, et al. 2002. Nitrogen and nature [J]. AMBIO, 31 (2): 97-101.

Vor T, Brumme R. 2002. N_2O losses result in underestimation of in situ determinations of net N mineralization [J]. Soil Biol Biochem, 34: 541-544.

Wang H, Liu S R, Wang J X, et al. 2013. Effects of tree species mixture on soil organic carbon stocks and greenhouse gas fluxes in subtropical plantations in China [J]. Forest Ecol Manag, 300: 4-13.

Wang Y, Cheng S, Fang H, et al. 2014. Simulated nitrogen deposition reduces CH_4 uptake and increases N_2O emission from a subtropical plantation forest soil in southern China [J]. PLoS ONE, 9: e93571.

Wang Y, Xue M, Zheng X, et al. 2005. Effects of environmental factors on N_2O emission from and CH_4 uptake by the typical grasslands in the Inner Mongolia [J]. Chemo-sphere, 58: 205-215.

Wei D, Wang Y, Wang Y, et al. 2012. Responses of CO_2, CH_4 and N_2O fluxes to livestock exclosure in an alpine steppe on the Tibetan Plateau, China [J]. Plant and Soil, 359: 45-55.

Whalen S C, Reeburgh W S. 2000. Effect of nitrogen fertilization on atmospheric methane oxidation in boreal forest soils [J]. Chemosphere-Glob Change Sci, 2: 151-157.

Williams E J, Hurchinson G L, Fehsenfeld F C. 1992. NO_x and N_2O emissions from soil [J]. Global Biogeochemical Cycles, 6 (4): 351–388.

Wu D M, Dong W X, Oenema O, et al. 2013. N_2O consumption by low-nitrogen soil and its regulation by water and oxygen [J]. Soil Biol Biochem, 60: 165–172.

Wu T Y, Jeff J S, Li F M, et al. 2004. Influence of cultivation and fertilization on total organic carbon fractions in soils from the Loess Plateau of China [J]. Soil and Tillage Research, 77: 59–68.

Xu X, Han L, Luo X, et al. 2009. Effects of nitrogen addition on dissolved N_2O and CO_2, dissolved organic matter, and inorganic nitrogen in soil solution under a temperate old-growth forest [J]. Geoderma, 151: 370–377.

Xu X, Inubushi K. 2007. Effects of nitrogen sources and glucose on the consumption of ethylene and methane by temperate volcanic forest surface soils [J]. Chin Sci Bull, 52: 3 281–3 291.

Yang L X, Wang Y L, Kobayashi K, et al. 2008. Seasonal changes in the effects of free-air CO_2 enrichment (FACE) on growth, morphology and physiology of rice root at three levels of nitrogen fertilization [J]. Global Change Biology, 14: 1 844–1 853.

Zaman M, Chang S X. 2004. Substrate type, temperature, and moisture content affect gross and net N mineralization and nitrification rates in agroforestry systems [J]. Biol Fertil Soils, 39: 269–279.

Zhang L, Huang J H, Bai Y F, et al. 2009. Effects of nitrogen addition on net nitrogen mineralization in Leymus chinensis grassland, Inner Mongolia, China [J]. Acta Phytoecologica Sinica, 33: 563–569.

Zhang N L, Wan S Q, Li L H, et al. 2008. Impacts of urea N addition on soil microbial community in a semi-arid temperate steppe in northern China [J]. Plant Soil, 311: 19–28.

Zhang W, Mo J M, Zhou G Y, et al. 2008. Methane uptake responses to nitrogen deposition in three tropical forests in southern China [J]. Journal of Geophysical Research-Atmospheres, 113: 3 078-3 078.

Zheng X H, Zhou Z X, Wang Y S, et al. 2006. Nitrogen-regulated effects of free-air CO_2 enrichment on methane emissions from paddy rice fields [J]. Global Change Biology, 12: 1717-1 732.

Zhou P D, Shi X J, Mao Z Y. 2002. Effect of chlorine of ammonium chloride on restraining nitrification [J]. Plant Nutr Fertil Sci, 7: 397-403.

Zhou X H, Wan S Q, Luo Y Q. 2007. Source components and interannual variability of soil CO_2 efflux under experimental warming and clipping in a grassland ecosystem [J]. Global Change Biology, 13: 761-775.